編著
泉山塁威
田村康一郎
矢野拓洋
西田 司
山崎嵩拓
ソトノバ

著
マイク・ライドン
アンソニー・ガルシア
中島直人
村山顕人
中島 伸
太田浩史
鈴木菜央
岡澤浩太郎
松井明洋
安藤哲也
尾﨑 信
榊原 進
岩本唯史
池田豊人
渡邉浩司
今 佐和子
泉 英明
村上豪英
忽那裕樹
笠置秀紀
宮口明子
苅谷智大
西山芽衣

タクティカル・アーバニズム

小さなアクションから都市を大きく変える

学芸出版社

JN108490

TACTICAL
URBANISM

はじめに
タクティカル・アーバニズムの日本的意義

泉山塁威

タクティカル・アーバニズムとの出会い

2015 年、アメリカでマイク・ライドンとアンソニー・ガルシアの著書「Tactical Urbanism: Short-term Action for Long-term Change」が出版された。当時、私は池袋駅東口グリーン大通りオープンカフェ社会実験に関わっていた。行政は通常、パブリックスペースで事業を実施する際には、商店街や町内会、地権者に参加を促し、会議で議論をする。一方で、このときの社会実験を担うプレイヤーはカフェやコンビニなどのテナントであり、これまでの都市計画や公共事業と、パブリックスペース活用のアクションは主体と進め方に違いがあるのではと、モヤモヤと考えていたタイミングであった。

私はすぐにこの本や無料で公開されている「タクティカル・アーバニズムガイド vol.1-5」を翻訳する仲間を募り、勉強会を始めた。知れば知るほど、このタクティカル・アーバニズムにハマってしまい、2017 年には、著者のマイクに会いにアメリカ・ブルックリンを訪れた。

2018 年には、オーストラリアとニュージーランドの実践をまとめた「タクティカル・アーバニズムガイド vol.4」を発行するメルボルンの事務所 CoDeisgn Studio を訪れ、当時代表だったルシンダ・ハートリーらにオーストラリアの状況を聞いた。そこで、アメリカ発祥のタクティカル・アーバニズムは、世界中のトレンドであることもわかった。

帰国してすぐ日本の実践をまとめた「タクティカル・アーバニズムガイド vol.6」を制作することにした。そして 2019 年 12 月にはマイク・ライドンとアンソニー・ガルシアを日本に招き、国際シンポジウム「Tactical Urbanism Japan 2019」を開催した。

本書は、その国際シンポジウムに登壇いただいた方々を中心に寄稿いただき、日本のタクティカル・アーバニズムの実践を体系的にまとめ、その課題と可能性を提示することを目的に編集している。

Tactical Urbanism Japan 2019 に登壇するマイク・ライドン（左）とアンソニー・ガルシア（右）（photo Takahisa Yamashita）

アメリカ発のタクティカル・アーバニズム

　タクティカル・アーバニズムは、アメリカの若手都市計画家のマイク・ライドンが 2010 年に名づけた概念である。1980 年代後半から 1990 年代にアメリカで起こった「ニューアーバニズム」と対比して使われる。

　当時のアメリカでは、2001 年の同時多発テロ、2008 年のリーマンショックと、2000 年代にソーシャル・インパクトが立て続けに起こった。併せて、インターネットやソーシャルメディアの普及によって、市民がアイデアを気軽にアウトプットし、友人やフォロワーにシェアする環境が生まれた。

　マイクは、2010 年前後のニューヨークのタイムズスクエアやブルックリンのパールストリートプラザなどの車道の広場化（Plaza Program）や、サンフランシスコのパーキングデー（Park（ing）Day）、パークレット（Pavement to Parks、現在は Groundplay に統合）などの長期的な変化を意図した、短期的かつ低コストのアクションが、利用者・市民主体で同時多発的に起こっている状況を見出し、タクティカル・アーバニズムと名づけた。マイクとトニーの事務所ストリート・プランズ（Street Plans Collaborative、2009 年設立）では、短期的アクションをゲリラや単発では終わらせないためのナレッジやツールを開発、コンサルティングをしている。

機能しなくなってきた都市再生手法

　近年、日本でもパブリックスペースの活用が注目を集めている。国や行政の規制緩和もあって、公開空地や道路、公園、河川の活用は促進されている。再開発や空間整備といった従来の都市再生の手法だけでなく、ローコストで迅速に都市改善をする手法が全国的に試行されている。

人口減少時代に突入し、リーマンショックや東日本大震災、新型コロナウイルス感染症（COVID-19）等を経験したことで、日本社会全体が再開発などの大きな投資に対して不安を覚え、慎重になっている。しかし、戦後の経済成長期につくられた都市インフラや公共施設、建築は更新の時期を迎え、新たな都市空間に再編していく時期を迎えている。こうした状況において、いかに空間を場に変え（スペースからプレイスへ）、都市の価値を高めていけるか、そのアプローチが変わってきていると言える。

・不確実性の増加

　近年、二つの不確実性が増している。一つはグローバル化に伴い、海外都市の影響を受けやすくなったことである。リーマンショックや新型コロナウイルス感染症はまさにその典型である。もう一つは災害である。災害大国といわれる日本は、地震や津波のほか、近年では気候変動によるゲリラ豪雨や大型台風も多発している。

　このように、突如現れるソーシャル・インパクトは、都市計画にも大きな影響を与え、予定していたスケジュールや予算の変更を余儀なくされる。しかし、これまでの都市再生手法は戦略的思考が強く、決めたスケジュールや予算で目標達成を求められる。

・都市ビジョンとマネジメントの不連続さ

　不確実性の増加に伴い、都市ビジョンのあり方も怪しくなっている。たとえば、都市計画マスタープランは、自治体が策定する都市計画の基本的な方針であるが、10年、20年後の将来の都市像を描いている。しかし、きめ細やかな住民合意が難しく私権の強い日本では、マスタープランは抽象的かつ曖昧な文言・内容になることが多い。都市計画や再開発などの事業では、この抽象的・曖昧な都市計画マスタープランとの整合性を確認しながら、具体のことは各種事業で調整しているのが現状である。そのような状況下において、事業を成功させることが優先され、近年の都市再生事業では民間主導のマネジメントが顕著である。

　また、近年は、エリアマネジメントやパブリックスペースマネジメントの動きも活発化している。道路占用許可を受けた組織がオープンカフェやマルシェを開催するなど、市民や民間プレイヤーの存在は欠かせないもの

になっている。

　しかし、そうした現場をマネジメントする民間のプレイヤーは自分たちのまちのビジョンづくりに関わることはほとんどない。

日本におけるタクティカル・アーバニズムの意義

　こうした都市の状況を踏まえて、日本におけるタクティカル・アーバニズムの意義について考えたい。

・不確実性に対応したアーバニズム

　不確実性が増す社会において、どのように実効力のある都市のビジョンや戦略をたてるのか。デザイン思考などのように、実験や試作（プロトタイピング）をして、仮説が合っているのか、違うのかを検証しながら、ビジョンや戦略を詰めていくことが、不確実性に対応したアーバニズムとして必須になってくるだろう。

・ビジョンとマネジメントの不連続への対応

　ビジョンとマネジメントの不連続な状況にどう対応していくのか。一度決めたビジョンを10年、20年と変えずにマネジメントができるのか、5年ごとに柔軟に更新していくべきなのかが問われている。ニューヨークやオーストラリアの自治体では市長の任期4年ごとに計画が定められたりする。

・主体的な市民のアクションやニーズを受け止める行政の役割

　主体的な市民のアクションやニーズは、プロジェクト化していくと、大きなパワーとなる。しかし、長続きするには、行政の支えも重要だ。そうしたボトムアップの動きを行政の政策としてどう位置づけるのか、行政の役割も問われている。

・社会実験などの短期的アクションを長期的変化につなげる

　社会実験などの短期的アクションは、多くの場合、長くは続かない。イベント化した社会実験ではなく、本来の社会実験とは、狙いや仮説があり、検証項目も明確だ。社会実験をやりっぱなしにせずに、その後の政策や空間整備などの長期的変化にどうつなげていくのか。

タクティカル・アーバニズムの方法論は、以上のような日本の都市の現実に対して有効なのではないか、それを本書では考察していく。

日米のタクティカル・アーバニズムの架け橋となる本

本書で特筆すべきは、国内初のタクティカル・アーバニズムの本であり、「Tactical Urbanism」の著者、マイク・ライドン、アンソニー・ガルシアも共に執筆した日米のタクティカル・アーバニズムの架け橋となる書籍であるということである。

1章では、マイクとトニーの日本での講演内容（Tactical Urbanism Japan 2019）を中心に、タクティカル・アーバニズムの定義や考え方、アメリカの実践事例を紹介する。

2章では、日本でのタクティカル・アーバニズムを読み解く視点を、都市・建築の専門家が論じる。

3章では、タクティカル・アーバニズムの真髄とも呼べる、小さなアクションの事例を、①ゲリラ的アクション（3-2～3-4）と②公民連携プロジェクト（3-5～3-8）から紹介する。

4章では、小さなアクションだけで終わらせない、政策化、空間整備、ムーブメントなどへの道筋を考える。国の政策づくりの背景をキーパーソンへのインタビューで明らかにし、先駆的事例の実践者により長期的変化をデザインするためのポイントを解説する。

5章は、タクティカル・アーバニズムには欠かせない人材育成に迫る。1人1人の都市のリテラシーの高め方から、人々を巻き込み大きなムーブメントへと人の輪を広げていく仕掛けまで、実践者がそのプロセスを紹介する。

6章では、マイクとトニーの2人から授かった、タクティカル・アーバニズムのメソッドを紹介する。また、東京・神田エリアで実践したワークショップの経験から、そのメソッドの試行とポイントを解説する。

マイクやトニーは本書の中で最新のナレッジや日本の実践者に向けたメッセージを披露してくれている。それは彼らからのギフトである。また、日本の先駆者たちの実践や方法論は読者の皆さんに大いに役立ててもらえるはずである。本書はリソースの関係で日本語のみではあるが、こうした日本の活動を世界へ伝えることにも取り組んでいきたい。

002 **はじめに：**

タクティカル・アーバニズムの
日本的意義 泉山塁威

01

011 # タクティカル・アーバニズムとは

マイク・ライドン／アンソニー・ガルシア／翻訳・編集：田村康一郎

014 **1-1** タクティカル・アーバニズムとは何か

023 **1-2** タクティカル・アーバニズムの実践

039 **1-3** 実践から得た六つの教訓

043 **1-4** 日本の都市戦術家へのメッセージ

02

045 # タクティカル・アーバニズムを
読み解く視点

046 **2-1** ニューアーバニズムなき
日本のタクティカル・アーバニズム 中島直人

054 **2-2** プレイスメイキングの手法としての
タクティカル・アーバニズム 田村康一郎

060 **2-3** 都市プランニングの変革と
タクティカル・アーバニズム 村山顕人

066 **2-4** 政策・計画へつなぐ
実験・アクションの戦略 中島伸

074 **2-5** 建築家が都市にコミットするための
実践的アプローチ 西田司

—

03

079 小さなアクションを始める

080 **3-1** 小さなアクションの始め方 山崎嵩拓

088 **3-2** 東京ピクニッククラブ（東京）：
まちに参加する創造力を高める 太田浩史

094 **3-3** アーバンパーマカルチャー（世界各地）：
消費者を生産者へ変える暮らしのデザイン
鈴木菜央／岡澤浩太郎

102 **3-4** COMMUNE（東京）：
都市の余白の使い方をアップデートし続ける
松井明洋

108 **3-5** PUBLIC LIFE KASHIWA（柏）：
仮設の公共空間をまちの居場所にする
安藤哲也

114 **3-6** みんなのひろば（松山）：
まちに日常の賑わいをもたらす拠点 尾﨑信

120 **3-7** 定禅寺通（仙台）：
ストリート活用から都心の回遊性の創出へ 榊原進

126　**3-8**　MIZUBE COMMON（和歌山）：
　　　　水辺の使いこなしからエリアのリノベーションへ　岩本唯史

—

04

133　長期的変化をデザインする

134　**4-1**　長期的変化をデザインする　泉山塁威

142　**4-2**　歩行者中心にシフトし始めた道路政策　池田豊人

148　**4-3**　ストリートデザインガイドラインの舞台裏　今 佐和子

156　**4-4**　人間のためのストリートをつくる
　　　　制度のデザイン　渡邉浩司

160　**4-5**　北浜テラス（大阪）：
　　　　民間主導の水辺のリノベーション　泉 英明

168　**4-6**　URBAN PICNIC（神戸）：
　　　　公民連携による戦術的パークマネジメント　村上豪英

176　**4-7**　池袋グリーン大通り（東京）：
　　　　社会実験から国家戦略特区へ　泉山塁威

184　**4-8**　御堂筋（大阪）：
　　　　トライセクターで都市の風景を変える　忽那裕樹

—

05

193　まちのプレイヤーをつくる

194　**5-1**　まちのプレイヤーをつくる　矢野拓洋

202　**5-2**　URBANING_U（東京）：
個人ができる小さな都市計画　笠置秀紀／宮口明子

210　**5-3**　橋通りCOMMON（石巻）：
都市の共有化をローカライズする　苅谷智大

218　**5-4**　HELLO GARDEN（千葉）：
暮らしをアップデートする実験広場　西山芽衣

06

227　タクティカル・アーバニズムの
メソッド

マイク・ライドン／アンソニー・ガルシア／翻訳・編集：矢野拓洋

228　**6-1**　プロジェクトの10ステップ

233　**6-2**　五つのスチュワードシップモデル

238　**6-3**　プランニングの五つのフェーズ

241　**6-4**　住民参加型ワークショップのフレームワーク

244　**6-5**　神田でのワークショップの実践

249　**おわりに**

01

タクティカル・アーバニズムとは

マイク・ライドン

アンソニー・ガルシア

翻訳・編集

田村康一郎

What is Tactical Urbanism?

1-1 Outlining Tactical Urbanism

Tactical urbanism counters conventional project delivery, which is 1) overly focused on large-scale projects, 2) very slow and expensive, 3) lacking in transparent public process, and 4) static and inflexible approach to design. What these attributes bring is just untold amounts of unrealized value creation. However, looking at modern society, we commonly expect the nimble approach of "versioning" that starts from a prototype and evolves with modifications, as seen in the development of operating systems. How can we install such a flexible and evolving approach to our cities?

This awareness of the problem gave rise to Tactical Urbanism defined as "an approach to community building with short-term, low-cost, scalable projects that 'intended' to catalyze long-term change." Typically, tactical projects scale up by stages; it starts from temporary and inexpensive demonstrations of 1 day to 1 month, experiments or pilots of 1 month to 1 year, and then interim designs of 1 year to 5 years before making significant long-term investments. This iterative approach to project delivery is what Tactical Urbanism is all about.

There are three significant benefits of Tactical Urbanism. First, it allows us to work together with people in new ways by engaging them in a project with experimental actions. Experiential engagement also helps to build civic pride and ownership. Secondly, tactical interventions will uncover what works and, more importantly, what doesn't. Finally, it can then build political will for change and deliver benefits to the economy and society faster.

Building, measuring, and learning are the essential elements of Tactical Urbanism, which are iterated as a cycle. Ideas gained from learning are quickly built and practiced as a project. Then, impact measurement follows to obtain data, which becomes the learning for the next cycle. The first round of this cycle is a test. And, the learning from it leads to the following cycles of planning, testing again, and investing. This flow enables us to understand what kind of projects really need long-term investment.

1-2 Lessons Learned and Strategies for Creating Value

Tactical Urbanism has been applied in many places, and the practice brings lessons as follows.

(1) Start smaller than you think.

(2) Take plans off the shelf.

(3) Don't plan projects, write stories.

(4) The pilot is the study.

(5) Anyone can be a tactician!

(6) You can't scale what you can't permit.

Based on the lessons learned, we identify three strategies for value creation through Tactical Urbanism. The first one is to take advantage of vacant/underutilized sites in high-value locations in the pre-development phase. Second, it is essential to watch what happens outside of buildings as well as inside, and we should look at the potential use of streets and other spaces. Finally, stewardship is critical to create the value of the place and sustain it for the long-term.

1-3 Message to Japanese Tacticians

This chapter concludes with four messages to tacticians who will practice Tactical Urbanism in Japan. Firstly, anyone should be able to pursue public space enhancement projects. Secondly, you should "build a plan while you fly it;" the details will never be 100% perfect. Thirdly, a key for scaling is to find redundant conditions where solutions can be replicated. Finally, you should build the capacity to manage the place. If you all tell the lessons learned in this book to ten people around you, actions of Tactical Urbanism will spread like fire.

2019年12月、「タクティカル・アーバニズム」を提唱・実践するマイク・ライドン、アンソニー・ガルシアを日本に招聘し、1週間にわたりシンポジウムやワークショップを開催した。本章は、その際に2人がプレゼンしてくれた内容を、タクティカル・アーバニズムの概念を創出した経緯、2人が世界各地で実践してきたプロジェクト、実践から得られた教訓、そして日本でタクティカル・アーバニズムに取り組む実践者たちへのメッセージという構成で編集した。

1-1

タクティカル・アーバニズムとは何か

従来型アプローチへの疑問

　素晴らしい場をつくるとはどういうことだろう。目を引きつけるような完成図を描くことなのだろうか。たとえ美しい完成図があったとしても、往々にしてプロジェクトが住民の反発に直面することがある。それは、従来型のプロジェクトに次のような特徴があることに起因している。①大規模プロジェクトへの偏重、②実行にかかる膨大な時間と費用、③透明性が不十分で不信を生むプロセス、④硬直的なデザインアプローチ、の4点だ。これらの原因によって、そのプロジェクトで期待された価値が創出されずに終わってしまう。

　実際に我々がかつて経験したフロリダ州マイアミ市の大規模な用途地域更新のプロジェクト（2007〜2010年）は、計画が採択されるまでに5年以上の歳月を要するものだった。地域住民を巻き込むことに努力を尽くしたものの、計画の大規模さゆえに、影響を受ける住民がこのプロジェクトのプロセスに参加できていないという状況が意図せずに生じてしまった。これでは、市民の行政に対する信頼と、計画の実現性を損ねることにつながる。

ハーバード大学のロバート・カプランらの研究によると、「80%の計画は実行されない」という。我々もこのことを痛感したのが、2008年のリーマンショックによる影響だ。不況によってさまざまなプロジェクトが停滞してしまったことで、新しいアプローチを考える契機の一つとなった。

バージョンアップしながら都市をつくる

都市のデザインを観察すると、ユーザーエクスペリエンス（利用者の体験）に対応したものになっていないことがままある。たとえば、公園内に舗装された通路がデザインされていても、ほとんどの利用者はそこではなく、芝生の上をショートカットして歩くことを選ぶ場合がある［図1］。固定的なデザインが、利用者の行動ニーズと必ずしも一致していないのだ。

しかし、現代社会に目を向けてみると、コンピュータのオペレーティングシステム開発は、異なるアプローチをとっていることに気づく。プロトタイプから素早くバージョンアップを重ね、修正を加えながら進化していくことが一般的なのである。このような柔軟に変化を重ねるアプローチを、都市に実装できないだろうか。

人間中心の都市論に大きな影響を与えたジェイン・ジェイコブズは、都市計画には都市を機能させるための「戦術（タクティクス）」が欠如していることを指摘している。報告書では長期的な戦略を描けたとして

ユーザーエクスペリエンス

デザイン

図1 固定的なデザインとユーザーエクスペリエンスのギャップ（出典：Natalia Klishina）

も、実際にそれを動かして、多くの人々が関わりながら変化をもたらすことが、必ずしも十分になされているわけではなかった。

　長期的で高額な費用がかかる事業をいかにして実現させるか。そのために仮設的なアクション（介入）によって臨機応変に更新を行い、ユーザーエクスペリエンスを向上させる戦術的アプローチが、「タクティカル・アーバニズム（Tactical Urbanism）」である。

タクティカル・アーバニズムとは

　タクティカル・アーバニズムは「"意図的に"長期的な変化を触媒する、短期的で低コストかつ拡大可能なプロジェクトを用いたコミュニティ形成のアプローチ」と定義される。典型的な形としては、「長期的で大きな投資」（所要5〜50年）を行う前に、「短期的で費用のかからないイベント（あるいはデモンストレーション）」（1日〜1カ月）、「実験」（1カ月〜1年）、「暫定的デザイン」（1〜5年）と、段階的に次のスケールへ

アクションの種類（期間／相対的コスト）	短期的イベント（1日〜1カ月／¥）	実験（1カ月〜1年／¥¥）	暫定的デザイン（1〜5年／¥¥¥）	長期的投資（5〜50年／¥¥¥¥）
プロジェクトリーダー	誰でもできる（全市民、市民グループ）	行政または組織によるリーダーシップと関与が必須	行政または組織によるリーダーシップと関与が必須	行政または組織によるリーダーシップと関与が必須
許認可の状況	認可／認可なし	常時認可	常時認可	常時認可
材料	・低価格で耐久性が低い ・レンタルか簡易につくれるもの	・相対的に低価格 ・しかし半耐久的な材料	・低・中価格 ・柔軟性とメンテナンスの必要性とのバランスがとれたデザイン	・高価格 ・容易に調整することのできない耐久性のある材料
住民参画	公的情報提供とアクション	住民参画 提案者 行政／組織による管理	住民参画 行政／組織による管理	住民参画 行政／組織による管理
デザインの柔軟性	【高】プロジェクトの調整や取りやめるかを要求（判断）	【高】プロジェクトの調整を要求。もしそれが目的と見合わない場合は取りやめられる	【適宜】プロジェクトの調整を要求。しかし、資本のアップグレードの可能性があるまで、適宜とどまる	【低】プロジェクトは、一度インストールされたら、簡単には調整されない。永久的な資本のアップグレードが考えられる
プロジェクトの向上のためのデータ収集	推奨	常時	常時	常時（プロジェクトの実績が次のプロジェクトへの情報提供となる）

図2 タクティカル・アーバニズムの反復的アプローチ
（出典：泉山塁威ほか「タクティカル・アーバニズム vol.6」（ベータ版）2019 より作成）

と進んでいく［図2］。この反復的なアプローチが、タクティカル・アーバニズムの特徴である。

　短期的イベントでは、非常に安価で一時的な素材を使いながら、人々の関心を引きつける。実験的プロジェクトでも比較的安価な素材を使い、データを取得しながら長期的変化を実現する可能性を示す。そして、暫定的デザインでは、長期的な大型投資を前に、適切な素材などを検討しながらクオリティを高めることを目指す。最終バージョンではないプロジェクトが、次のバージョンへの進化を触発するのだ。

　長期的変化に至るまでの短期的アクションの反復であるタクティカル・アーバニズムは、費用がかからず、常設ではないことに加え、往々にして既存の計画に基づき、人間中心かつ人間主導で実施する点が特徴である。タクティカル・アーバニズムは単発のゲリラ的活動ではなく、戦略的な計画を実現に導くためのものでもある。

タクティカル・アーバニズムの意義

　タクティカル・アーバニズムが短期的アクションを重視する根拠の一つに、教育学者エドガー・デールが提唱した「学習の法則」がある。脳には読んだことの10%、聞いたことの20%しか記憶されないが、行動したり人に教えたりしたことは90%が記憶されるという、学習効果の定着に関する理論だ。実際に行動を起こすことで、地域に変化が生まれることを、人は信じられるようになるのである。

　タクティカル・アーバニズムの効能は主に三つある。まず、①実験的なアクションで人々を巻き込むことによって、新しい方法で共に活動を進められるようになる。これは、人々のシビック・プライドと主体性を高めることにもつながる。次に、②実践によって何がうまくいき、あるいはうまくいかなかったのかが明らかになる。特に後者が重要である。そして、③変化のための政治的意思を形成し、経済と社会により早く便益をもたらすことができる。

　これまでにタクティカル・アーバニズムを採用したケースで、不動産価値の上昇や幸福度の上昇、パブリックスペースにおけるアクティビティの増加などが確認されている。アメリカの都市はスプロール化し、

車に依存した郊外が生み出されてきたが、そのような都市形態は健康面、環境面、経済面で望ましいものとはいえない。より豊かでインクルーシブな都市を目指すことが、我々のモチベーションの根底にある。

インスピレーション

複数の低コストで小さなプロジェクトの実践例が、タクティカル・アーバニズムの着想の元となった。

その一つが、2005年からサンフランシスコ市で始まった「パーキングデー (Park (ing) Day)」だ [図3]。これは、路上の駐車スペースを人間のためのパブリックスペースとして使うために、駐車メーターにコインを入れて合法的にスペースを借り、一時的に小さな公園のように変えてしまうというアクションである。この小さなアクションは瞬く間に世界中に広まり、毎年9月の第3金曜日に行われるムーブメントとして定着した。また、歩道に常設する「パークレット (Parklet)」へと発展し、サンフランシスコをはじめ多くの都市で、パークレット・プログラムとして公式化された。たった数百ドル規模で始まったアクションが、15年後には世界中に大きな影響を与えるまでになった、戦術的介入の典型例だ。

その他にも、ポートランド市で地域住民が道路の交差点をペイントする活動が広がった「インターセクション・リペア (Intersection Repair)」[図4] や、南米コロンビアの首都ボゴタで毎週日曜日に110kmもの道路から自動車が締め出され、サイクリストや歩行者に開放される「シクロビア (Ciclovía)」などが、タクティカル・アーバニズムの概念を生むインスピレーションとなった。

活動の積み重ねによる概念の形成

こうした事例から学び、2010年にシクロビアをマイアミのまちでやってみたことが、我々がタクティカル・アーバニズムに取り組み始めるきっかけとなった。地元の新聞にライドンが寄稿した論説を読んだ市長らがやる気になり、オープンストリートの開催が実現した [図5]。2年後には、この活動が同市初の自転車マスタープランの採択につな

図3 サンフランシスコで始まったパーキングデー
（出典：Rebar）

図4 ポートランドのインターセクション・リペア
（出典：Greg Raisman）

図5 マイアミでのオープンストリート（出典：Street Plans Collaborative）

がる。オープンストリートによって、多くの市民がストリートの使い方を体験し、考え、変化を後押ししたのである。

こうした活動を経て、2010年に「タクティカル・アーバニズム」という概念を構想するに至った。北米で見られる関連事例をもとに作成した小冊子「タクティカル・アーバニズム vol.1」をオンラインで無料公開したところ、3週間でダウンロード数が1万件に達した。これは、タクティカル・アーバニズムが提示する問題意識とアプローチが、多くの共感を集めたことを象徴する出来事であった。

これに続いて、ほぼ1年おきに世界中の異なる国と地域を対象とした5冊の「タクティカル・アーバニズムガイド」を発行した。世界中のあらゆる国からガイドにアクセスがあり、累計アクセス数は約150万に達している。アイデアを無料で公開することでインパクトが拡大し、我々は世界中のパートナーとつながることができたのだ。

この間、タクティカル・アーバニズムに関する歴史研究や実践による手法開発も積み重ねていった。過去を紐解くと、小さなポップアップ的活動が都市に定着していった例はいくつもある。たとえば、パリのセーヌ河畔にある露天の本屋は15世紀頃に違法に近い形で始まったとされるが、今では世界遺産の一部を構成するに至っている。

2015年には、こうした蓄積の成果を書籍『Tactical Urbanism: Short-term Action for Long-term Change』として体系化した。同書は、ロサンゼルスに拠点を置く都市系ウェブメディア Planetizen が選ぶ2010年代を代表する都市計画本にもノミネートされるほどの影響力をもたらした。

実務的な発展

タクティカル・アーバニズムの現代的事例が2005年に出現し、体系化を伴って社会に実装されるまでに三つのフェーズを経てきた。

2005年から2011年までの第一フェーズは、都市に変化をもたらす非公認のアクションの力を再発見し、広めていく段階だ。前述したタクティカル・アーバニズムの概念を形成したのはこの時期で、さまざまなアイデアが都市の小さなスペースで実験され始めた。我々も独立して Street Plans Collaborative（ストリート・プランズ）という事務所を立

North America
(2011)

North America
(2012)

North America
(2013)

Australia
(2014)

Italy
(2017)

Island Press
(2015)

North America
(2016)

North America
(2019)

North America
(2019)

図6 これまでに発行してきたタクティカル・アーバニズムのガイドと書籍

ち上げ、コンペなどでタクティカル・アーバニズムの適用を図った。同時に、6章で紹介する「48 × 48 × 48 フレームワーク」のような手法の開発も行った。

それと一部重複する 2007 年から 2015 年までの第二フェーズは、戦術的なアプローチが従来の都市づくりのプロセスを巻き込みながら発展していく段階だ。たとえば、この間にニューヨーク市では道路空間を広場化する「プラザプログラム(Plaza Program)」(2007 年〜)が開始された。

続く第三フェーズは 2015 年から現在に至るもので、都市計画とデザインの実務の変革を目指す段階だ。個別の場所にとどまらず、世界中の都市に影響を与えるような、プロセスの変革に取り組んでいる。この時期には、誰もがタクティカル・アーバニズムを実践できるように、蓄積された知見を活かして具体的なテーマのガイドも作成した。短期的なアクションのための素材やデザインについての「マテリアルガイド」(2016)、「アスファルトアートガイド」(2019) などである。これらはオンライン上で無料公開している [図6]。

タクティカル・アーバニズムの方法論

「構築」「計測」「学習」がタクティカル・アーバニズムの基本要素であり、

これらを1サイクルとして反復する。学習で得たアイデアを迅速に構築してプロジェクトの形にし、効果を計測してデータを得る。これが次のサイクルへの学習となる。このサイクルの1巡目が「テスト」であり、そこで得た学びをもとに、続くサイクルで「計画と再テスト」、その先のサイクルで「投資」へと繰り返す［**図7**］。これによって、本当に長期的な投資が必要なプロジェクトがどのようなものかを理解できるようになる。

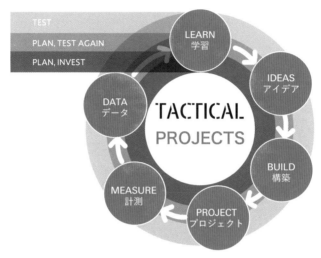

図7 タクティカル・アーバニズムのサイクル（出典：泉山塁威ほか「タクティカル・アーバニズム vol.6」（ベータ版）2019）

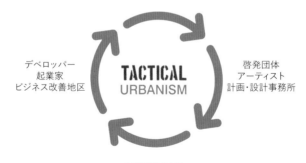

図8 トップダウンとボトムアップをつなぐタクティカル・アーバニズム

（出典：泉山塁威ほか「タクティカル・アーバニズム vol.6」（ベータ版）2019）

　このサイクルの反復が、前述の「短期的イベント」「実験」「暫定的デザイン」「長期的投資」という4段階に対応している。初期段階の短期的イベントは、市民を巻き込むためのツールであり、実験と暫定的デザインのフェーズでは長期的な投資を行う前のテストとして、データ収集が意識される。さらに進んだ段階では、長期的な投資の実施だけでなく、戦術的なプロセスを都市づくりの政策やプログラムに埋め込むことが意図される。それによって、他の場所でもアクションを起こしやすくなり、効果が拡大していくのである。

　長期的変化のための短期的なアクションを志向するタクティカル・アーバニズムは、トップダウンとボトムアップを往還するものだ。長期的変化を可能にする政治家や行政だけでなく、草の根のコミュニティ団体や活動家などがアクションの主体として重要な役割を果たす。また、トップとボトムの中間にいる支援団体、専門家や民間の企業・団体も関わって成り立つものだ［**図8**］。

　タクティカル・アーバニズムの方法論としてより具体的な実践ツールについては、6章で詳述する。

1-2

タクティカル・アーバニズムの実践

1

タイムズスクエアの歩行者空間化 (ニューヨーク市)：
タクティカル・アーバニズム着想の源

1）40年間動かなかった計画

　2009年、ニューヨーク市によるタイムズスクエアの歩行者空間化プロジェクトがスタートした。我々がストリート・プランズを設立して間もない頃で、タクティカル・アーバニズムを概念化していく過程

でも参考にした事例だ。

　この事例で興味深いのは、タイムズスクエアを含むブロードウェイの目抜き通りを歩行者専用にし、線状のパブリックスペースにしようという計画自体は、遡ること40年前の1969年時点でマスタープランとしてすでに存在していたということだ［図9］。しかし、この大胆な構想だけで空間をつくり変えようとしても、沿道の事業者や地権者、住民たちが賛成するわけはなかった。何が起こるかわからない計画に対して、変化を危惧したのだ。その結果、その計画は動かないまま40年が過ぎたのである。

2）状況を変えた実験的アクション

　それでは、2009年に何が起こったのか。それは極めてシンプルなことだった。市の交通局は、地元の地権者の団体であるビジネス改善地区（BID）と協力して、広幅員の道路に3日間だけ庭で使う椅子を並べたのである［図10］。その椅子は1脚が約10ドルという、非常に安価なものであった。大きなビジョンをそのまま実現しようとするのではなく、まずは実験的プロジェクトとして一気にやってしまったのである。この単純な試みが、状況を変える絶大なインパクトをもたらした。

　3日間、数ブロックにわたって自動車を締め出して椅子を並べた道路で、人々がどのようにその空間を使うかが観察された。これによって、何がうまくいって何がうまくいかなかったのかが把握され、交通にどのような影響があるのかも検証された。それによって、経済や安全性、生活の質という観点から、大きなインパクトがあるということがわかった。

　その実験から5年後の2014年には、多くの車が走っていたタイムズスクエアは常設の歩行者用パブリックスペースとして生まれ変わったのである。

3）概念化を導いた象徴的事例

　この事例で重要なのは、単に自動車を締め出し椅子を並べたということだけでなく、5年間で実験を繰り返し、少しずつ空間を改善したという点だ。そのプロセスは、我々に強い印象を与えるものであった。

しかし、2009年の時点ではタクティカル・アーバニズムは体系化されておらず、このようなアプローチを示すフレームワークや用語は存在していなかった。タイムズスクエアで起きたことが、同時期に他の都市で起こっていた事例と合わせて、タクティカル・アーバニズムという概念を生む基礎となったのである。

2

交差点改良のしくみ化（ハミルトン市）：
非公認のアクションが行政を動かす

1）許可なく行うアクション

　カナダのオンタリオ州ハミルトン市では、産業衰退と同時に人々の自動車利用志向が高まった。その状況に対して、タクティカル・アーバニズムによって歩行者やサイクリスト、高齢者にやさしいまちを現実にすることが期待されていた。そこで、2013年に我々はコミュニティ・ワークショップを行い、5カ所の典型的な交差点で1000ドルで素早くできるアクションを実施した［**図11**］。市の許可を得ずに、地元の建築家らと各交差点に路上ペイントやコーン設置を実施したところ、通行する自動車が減速するなどの効果が現われ、住民から好評を得た。

2）短期間に起きた摩擦と拡大

　そのインパクトがメディアで報じられて1週間後、ある地元のブログメディアがプロジェクトの安全性について糾弾する記事を掲載した。プロジェクトを支持する住民と、安全性を疑問視する市当局の間にも緊張が走った。そこで、プロジェクト推進メンバーも反撃に出る。「まちづくりを止めたいなら、先進的なものを見かけたら通報すればいい！」と皮肉を込めたキャンペーンをオンラインで展開したのだ。

　これを見た市は、この活動はそれほど悪いものでもないかもしれないと考え始め、1週間後にはプロジェクトメンバーと対話の席につき、お互いに信頼関係を築き協力するようになる。対話の9日後には、市

図9　ニューヨーク市のミッドタウン・マスタープラン（1969年）に示された緑道化
（出典：Regional Plan Association, Second Regional Plan, 1969 をもとに Street Plans Collaborative 作成）

図10　タイムズスクエアで自動車を締め出し椅子を設置した実験（出典：Nina Munteanu）

図11　ハミルトンで低コスト
で行った非公認アクション
（出典：Tactical Urbanism Hamilton）

図12　アクションを受けて市
が行った交差点の改良
（出典：Jason Leach）

はアクションが行われた同じ交差点で、横断歩道のペイントと簡素な歩道拡幅を行ったのだ［図12］。

　これはコミュニティにとって大きな成果だっただけでなく、市にとってもその行動に対して市民からポジティブな反応が返ってきた。そして、交差点改良のさらに1週間後には、市は市内の他の複数の交差点で、実験的プロジェクトとして同様の整備を行い、何が起こるか見ることにしたのだ。そして3年後の2016年、市は100カ所以上の交差点を改良し、一部については常設化も行った。

3）包括的なしくみとして定着

　この事例は、非公認のアクションが市全域にわたる変化を触発し、拡大する可能性を示したものだ。五つの交差点で始まったアクションは2018年には新たな展開を見せる。市の計画課は、道路だけでなく低未利用地や空き物件を活用しながら包括的にパブリックスペースを

改善するためにタクティカル・アーバニズムを取り入れることにした
のだ。これによって、ハミルトンはカナダ国内だけでなく、国際的に
も知られるようになった。行政がタクティカル・アーバニズムを取り
入れることで、さまざまな主体が小さなスケールからポジティブな変
化を育てていく基盤ができたのである。

3

ビスケーン・グリーン（マイアミ市）：
変化を可視化し、計画を現実化する

1）眠っている計画を動かす素早いアクション

　成長を続けるマイアミ都市圏では、中心部の人口増加が著しく、駐
車場もパブリックスペースも不足している。まず我々が2011年に行っ
た最初のアクションが、「パーキングデー」だ。1日限りではあるが、
地域で何ができるかを可視化するプロジェクトをやったことで、これ
が他の場所でも展開可能なアプローチだということがわかった。

　そこで次に目をつけたのが、ダウンタウンから近い公園へのアクセ
スを遮っている広幅員の自動車道路の間にある駐車場だ。2012年に少
額の補助金を獲得し、駐車場の1ブロックをパブリックスペースに変
えるアクションを行った。1週間にわたって芝を敷き詰め、30を超え
るパートナー団体とさまざまなプログラムを行い、人々が集まる場を
つくった［**図13**］。これが「ビスケーン・グリーン（Biscayne Green）」のプ
ロジェクトである。

　このアクションによって、非常に素早く人間中心の場を生み出せる
可能性を示すことができ、協力してくれた団体からプロジェクトの話
題が広まっていった。芝生やファニチャーは寄付で賄えたため、実施
にかかった費用は、駐車場を貸し切るための約1万ドルだけであった。

　実は、この駐車場を公園的なパブリックスペースに転換するという
計画は、マイアミ市ですでに多数存在していた。我々はペンディング
されているそれらの計画を人々が実際に経験できるものにしたかっ

た。限られた期間や費用でも、変化の可能性が現実のものとして示されたことで、行政による計画もより大胆かつ具体的なものにアップデートされることになった。

2）スケールアップと検証

そしてアクション自体も次のバージョンにスケールアップすることになる。2016年にはより大きな補助金を得て、ダウンタウン整備機構を含む多数の団体と協働し、約1カ月間、3ブロックに規模を拡大したプロジェクトを実施した。中心市街地に足りない遊び場をつくることをコンセプトに、ボランティアが協力しながら、イベントが開催可能な芝生スペースやフードマーケットが設えられた［図14］。日中は子供たちの遊び場になり［図15］、夜は音楽や映画のイベントを開催したり［図16］と、ダウンタウンで新しい活動を体験できる場が生まれ、期間中には2万人が訪れた。

このアクションには、従来の計画や設計のプロセスでは巻き込めないほどの多くの人が参加した。そして、映像データを使いながら、来場者の属性や行動パターン、反応についての分析を行った。得られた重要な教訓の一つは、来訪者が男性に偏っていたため、より性別のバランスがとれるようにプログラムと空間を工夫することだ。

3）アクションによって形成される実行意思

アクションの成功は政治的な意思と世論を形成することにもつながった。実施期間が終わる頃には、プロジェクトを支持していなかった地元議員が、自身の在任中に常設化を行いたいと表明したのだ。また、メディアもプロジェクトをやめるべきではないと後押しした。コンセプトが市民の間に浸透し、議論が喚起されるようになると、行政の意思決定が進みやすくなった。片側4車線の道路を狭め、常設的に使える場を生み出すため、市が連邦政府から補助金を獲得したのだ。小さく始まったアクションは、止まっていた計画を実現し、その変化を見せることで、さらにバージョンアップを重ねている。

図 13 マイアミで 2012 年に実施した簡素なビスケーン・グリーン（出典：Street Plans Collaborative）

図 14 規模を拡大し、多様な体験を演出した 2016 年のビスケーン・グリーン
（出典：Street Plans Collaborative）

図15 日中は子供の遊び場に
(出典：Street Plans Collaborative)

図16 夜間に開催されたライブイベント
(出典：Street Plans Collaborative)

4

クイックビルドプロジェクト（マイアミ・デイド郡）：
無機質な計画でなく「ストーリー」を描いて市民を巻き込む

1）提案公募型のクイックビルドプロジェクト

　フロリダ州マイアミ・デイド郡で実施されたモビリティ改善の一連の事業は、具体的なプロジェクトの計画からではなくストーリーを示すことで、市民を巻き込んでいく方法を教えてくれる。

　この事業は、郡の交通局および公共事業局と地元の非営利団体がパートナーシップを組んで、いくつかの補助金を得て行ったものだ。郡内のモビリティを改善するため、ストリートや公共交通、パブリッ

クスペースに関する実験的プロジェクトを行うというのがそのストーリーで、これに沿ったプロジェクトが一般公募された。その結果、郡内のさまざまな地区から、4カ月のうちに68件ものプロジェクトが申請された。多くの住民が実現したいアイデアを具体的に持っていたのだ。選定の結果、18件が優先プロジェクトとして実施に移された。素早くつくるという意味の「クイックビルドプロジェクト」として行われた具体例をいくつか紹介しよう。

2）サインプロジェクト

　住民がスペイン語しか話さないリトルハバナ地区では、公共交通の案内表示が英語で書かれていたため、スペイン語の表示を設置するというプロジェクトが行われた。非常にシンプルで簡単にできるアクションとして、一つ100円程度でできるようなバス停への補助サインや、路面のポスターサインなどが設置された。

　このような低コストですぐにできるアクションを行う一方、地道に時間をかけた部分もある。市民に取り組みを広報するため、市民ミーティングの開催、我々のラジオ出演、電車内での広告掲出などがその例だ。他方で、道路上でのアクションを合法的に行うため、許可申請の書類や図面もきちんと準備した。素早く実行するといっても、当局技術者と調整する上で欠かせないこうした資料は、専門家が丁寧に準備すべきである。

3）プラザ98

　マイアミ・ショアーズ地区では道路上の広場（プラザ）をつくりたいという案が採択された。そこで、「コミュニティビルドデー」を企画し、少額の費用で住民らが路上をペイントして、1日でプラザを完成させてしまった。図柄はこの地区に多いパイナップル畑をイメージしたものだ。

　完成後は毎週のようにストリートから自動車を締め出したイベントが開催されるようになり［**図17**］、市民がインスタグラムにその様子を盛んに投稿するなど、ストリートの活用が広がっている。

4）アベニュー3

　アベニュー3はホームレスとの諍いで死亡事故が起きるような場所

であった。そのネガティブなイメージを変えたいという想いから、プロジェクトが動いた。我々のプロジェクトチームは、どのように路上を使うか、最終形、暫定的デザイン、短期的イベントの各段階のドローイングと詳細な図面を描き起こした。行政に説明し、実施に向けての許可を得るためである。

そして路上の駐車帯をカラフルにペイントするアクションを実施したところ、通りの雰囲気が活発で楽しいものに変わるきっかけとなった［図18］。ペイント後には道路の真ん中でディナーパーティを開催し、650人以上が来場した。これらは高額で長期的な投資を行わなくてもできることである。

このアクション前後の1年で沿道の店舗に聞き取り調査を行ったところ、売上げが20〜25％増加したという。ペイントにかかった費用が約3000ドルだったことを考えると、非常に大きな投資リターンだ。これを受けて、さらにバージョンアップした空間演出も準備している。

5）具体のプロジェクトの積み重ねが大きなストーリーを動かす

一連のクイックビルドプロジェクトは交通環境を改善し、住みやすさの向上につながることが郡に認知され、プロジェクトのさらなる推進が決議された。自治体の業務プロセスは時間を要し、必ずしも容易ではないが、小さく素早くやるプロジェクトを積み重ねることで、正しい方向へと前進させることはできる。

5

ストリートデザインの実験（アッシュビル市）： 実験を多面的に評価して進化につなげる

1）道路をフレキシブルに使う実験

ノースカロライナ州アッシュビル市の郊外で、地元の自転車啓発団体が大規模な道路再整備に先立ってプロジェクトを行った。市は道路再整備のためのアイデアをいくつか試してみることで、どのように投

図17　マイアミ・デイド郡で車を締め出したイベント時のプラザ 98（出典：Street Plans Collaborative）

図18　明るいペイントで雰囲気が変わったアベニュー 3（出典：Street Plans Collaborative）

図19 アッシュビルでボランティアが行った路上のペイント
（出典：Street Plans Collaborative）

図20 蝶の絵が描かれた広場空間としても使える道路（出典：Street Plans Collaborative）

資すべきかを知りたいと考えていた。また、我々もこのプロジェクトを地域の事業者や住民を巻き込む機会と捉えていた。

そこで、120名以上のボランティアと週末をかけて、道路上に歩行者やサイクリストのためのスペースをわかるようにペイントした［図19］。さらに、道路一面に変化を象徴する蝶の絵を描く許可を取りつけ、地元アーティストらと実行した［図20］。

路側帯と道路中央で蝶のデザインとペイントを分けたのは、通常は駐車や車両の通行がある路側帯を自転車等の通行に使い、ときには通行止めにして広場空間としても使えるようにするためだ。その際には、道路上をイベントに使うことができる。そのようなクリエイティブな使い方をして楽しめる場所は、それまで市内にはなかった。

2）多面的な評価と学習

プロジェクトの中では、ストリートデザインの何が機能して何が機能しなかったのかを測定し、評価することが意識された。常設段階ではなく、実験段階において学びを得ることが重要だったのだ。

測定の結果、さまざまなデータが得られた。車両通行量は変化しなかったが、平均速度は28％減少した。プロジェクト実施前の最高通過時速は140km超だったのが、実施後には約65kmにまで落ちた。これによって、速度超過による事故率は66％から21％へと下がった。

また、ステイト・オブ・プレイスという場所の魅力度を分析するソフトウェアを使って、プロジェクト実施前後の指標を測定した。これは環境変化に関する300以上の変数を測定し、0から100でスコア化するものだ。その評価によると、30ポイント近い改善が見られ、特に人のニーズへの対応や快適さ、活発さという面で向上したことがわかった。

さらに、空間の質だけでなく、プロジェクト費用に対して期待される経済効果の評価も行った。材料などに使った費用が約3万ドルだったのに対し、5年間の経済効果予測は350万ドルにのぼる。これは、1ドルの投資に対して年間23.4ドルという大幅なリターンがあるということだ。

しかし、得られたのは良い結果ばかりではない。厳しい気候条件のために、ペイントの一部は1週間のうちに剥げ落ちてしまい、翌週にはペイントし直さなくてはならなかった。しかしこれはプロジェクト

のつまずきではなく、より大きなプロジェクトへと発展させるために
役立てることができる教訓である。

6

短期的イベントを通したマスタープラン策定（バーリントン市）： 丁寧な合意形成が変化を生む

1）個人、コミュニティ、行政の橋渡し

　我々は、バーモント州バーリントン市のモビリティ・マスタープラ
ンの策定に携わった。徒歩や自転車、公共交通などについて検討する
ものだ。その業務が始まった時期に、市内のある母親が子供の安全な
送り迎えのために自転車レーンをつくろうという活動を始めた。市
は政策方針に沿うものとして彼女の案に好意的であったが、安全性や
責任の所在、維持管理などの懸念からコミュニティには反対されてし
まった。せっかく意欲がある市民がいて、市の計画に一致した行動を
とろうとしているにもかかわらず、もどかしい状況があった。

　そこで我々は、1日から1週間という短期間のイベントを実施する
プロセスをつくることを市に提案した。それによって市民同士がお互
いを巻き込み、コミュニティを育て、持続的な変化を生むことを目指
したのである。

2）丁寧につくる短期的イベントのしくみ

　そのようなプロセスをつくることは、我々にとっても初めての経験
であった。市民が短期的イベントを行う際の懸念点は何なのか。まず
は警察、消防、公園課、計画課や市民団体などを訪れ、彼らの声を聞
くことに注力した。そして、マスタープラン策定業務の一環として、
市民を巻き込んだ短期的イベントプログラムをテストしたのである。

　たとえば、週末に数ブロック間の歩道脇の路上を低コストの材料で
ペイントして、アートフェスティバルを開催した。これには2日間で
1万人が訪れた。また他の地区では、道路から自動車を締め出し、人々

が思い思いの使い方ができるオープンストリートを開催し、自転車レーンのテストも行った。これらの短期的イベントによって、路上を使うことに対するハードルを下げることができた。

　同時に、車道幅が狭くなることで緊急時の通行を懸念していた消防を短期的イベントに呼んだ。そして現場を消防車で通行して確認しながら、プロジェクトチームの考えについて丁寧に説明した。仮定の話ではなく、リアルな議論を通してお互いの意図のすり合わせをすることが重要なのである。

　そして最初に母親が提案してから1年後、市はあらゆる市民がプロジェクトを提案し、市の協力や支援の下に短期的イベントを実施できる政策を採用した。

3）変化をつなげるエコシステム

　市はさらに踏み込んで、モビリティ・マスタープランの完成前から、自転車レーンのテストを始めた。2km にわたって、異なる形式のレーンを整備し実験するものだ。そして、テストの状況をもとに、レーンを採用するか否かの議論をドライバーやサイクリストに投げかけた。議論は白熱したものとなったが、長期的に実現するまでのギャップを見定めることができた。

　そして市は、市民が実験的プロジェクトを行うためのプロセスや、

図21　バーリントン市で市民が自発的にプロジェクトを実施できるように作成されたガイドと基準
（出典：Street Plans Collaborative）

暫定的デザインを素早く安価に行うための基準も策定した［**図 21**］。これによって、マスタープランの実装を加速するためのクイックビルドプロジェクトの形が整えられた。

　こうして短期的イベント、実験、そして暫定的デザインに至るまで、市民を巻き込みながら戦術的に展開する土台が構築されたのである。これはトップダウンでもボトムアップでもなく、さまざまな立場の主体が共に変化を実現すためのエコシステムを生み出したということでもある。

1-3

実践から得た六つの教訓

　タクティカル・アーバニズムが実際に多くの場所で実践されるようになり、教訓も集まってきた。そのなかから六つをここで紹介する。

教訓① 考えているよりも小さく始める

　まず、少額の資金で行政の許可なしでできるようなレベルで始めてみることである。1 日や 2 日でできる程度のアクションが、タクティカル・アーバニズムの初動である短期的イベントとなる。そのような小さなアクションでも、一定の効果が生まれる。そして、アクションは反響を呼ぶ。良い反応ばかりとは限らないが、短期的イベントを行うことによって変化の糸口や対話が生まれ、時間とともにアクションを拡大していくことができる。

　1 日でできるアクションが地域全体を包括するプロジェクトへと進化した事例として、前節で紹介したカナダのハミルトンの交差点改良のプロジェクトが参考になる。

教訓② 計画を棚から降ろす

戦術的なアクションは、アイデアとして棚上げされている計画を実現に近づける。また、アクションを起こすことで、従来の計画や設計のプロセスではリーチできないほど多くの人を巻き込むことができる。短期的にでも目に見える効果があれば、世論も高まり、計画が前進する。一方、既存の計画があることで、資金や公的な支持が得られ、アクションを反復しながら拡大することが可能となり、長期的な変化に向けた政治的意思の形成にもつながる。

長年止まっていた計画を現実化に導いた事例として、前節で紹介したマイアミのビスケーン・グリーンのプロジェクトが参考になる。

教訓③ プロジェクトを計画するのではなく、ストーリーを描く

自治体がタクティカル・アーバニズムを自ら適用できるようにすることが一つの目指す形ではあるが、これは必ずしも容易ではない。職員の意欲が十分でなかったり、市民が何を許容できるのかを理解できていなかったりと、さまざまな課題がある。動きが遅い役所体質は世界共通だ。ここで大事なのが、行政がプロジェクトを計画するのではなく、市民が何を求めているか、そのストーリーを見出すことだ。プロジェクトのアイデアは市民が持っているから、市民に助けを求めれば、それに応えてくれる。

ストーリーからプロジェクトが生まれていった例として、前節で紹介したマイアミ・デイド郡でのクイックビルドプロジェクトが参考になる。

教訓④ 実験はすなわち調査である

タクティカル・アーバニズムの方法論では素早くデザインして実際にプロジェクトをやってみることを謳っているが、実験段階では学びを得るために徹底的に調査を行う。シミュレーションしただけではわからない、現実世界で起きたことを把握するためだ。常設プランのア

イデアを机上で精査するより、実験して何がうまくいくか、いかない
かを測定・評価し、次につなげるのだ。

　さまざまな指標を使うことによって、投資効果を定量化することが
できる。しかし、すべてが100％うまくいくと考えるべきではない。
前節で紹介したアッシュビルの事例では、素材が現場の条件に合わな
いということが、やってみて初めてわかった。こうした測定・評価の
結果は課題というより、より進化させるための学習になる。

　近年では、公共交通に関する戦術的なアクションの実施から効果を
検証し、「タクティカル・トランジット・スタディ」(2019) として、北
米で適用できるようなガイドも作成されている。

教訓⑤　誰もが戦術家になれる

　専門的な訓練を受けていない人たちであっても、タクティカル・アー
バニズムに深く関わることができる。たとえば子供や青少年も、まち
の暮らしについてよく知っており、そこから重要なインプットやひら
めきを得ることができる。彼ら彼女らがタクティカル・アーバニズム
に関わることで、地域の文化や文脈を拾い上げることができる。

　ハワイで高校生らと行った交差点のプロジェクトでは、生徒らが場
所の選定からデザイン、道路のペイントまで関わった［図22］。その過程
では、図面上でペイントの手順をわかりやすく示したり、ペイントの型
紙を用意したり［図23］と、うまく巻き込めるような工夫が可能である。

教訓⑥　許可できないものはスケールできない

　一定期間のアクションを行った後、それを自律的に継続、発展させ
ることは課題だ。たとえ行政の政策や計画に則ったアクションでも、
コミュニティの理解を得られない場合や、警察や消防の許可が通らな
い場合がある。

　関係するさまざまな機関や組織の懸念事項を聞き取り、実際に短期
的イベントを行う際に懸念する事象が起きないか試してみたり、現場
の条件を見ながら考えを伝えたりすることが効果的だ。仮定の提案で

図22　ハワイの交差点ペイントのプロジェクトで採用された高校生によるデザイン
（出典：Street Plans Collaborative）

図23　型紙を利用した交差点ペイント
（出典：Street Plans Collaborative）

はなく、短期的イベントを通じて現実に即して話すことによって行政からの許可を得られやすい。

　多様なステークホルダーとのすり合わせを行いながらアクションを実行し、スケールアップさせる事例として、前節で紹介したバーリントンで1人の母親が始めた自転車レーン創設の活動が参考になる。

場の価値を創造するための三つの戦略

　これらの教訓を踏まえて、タクティカル・アーバニズムによる場の価値を創造するための戦略として三点を挙げたい。

　まず、価値が顕在化していない低未利用の場所を活用することだ。空地や駐車場は、低コストで変化を生み出せる場となる。次に、建物の中

だけでなく外で起こることも重要であり、ストリートなどの空間の可能性に目を向けてみるべきだ。そして、責任ある管理を行うこと（スチュワードシップ）が、場の価値を生み出し、長期的に持続させるために不可欠である。

1-4

日本の都市戦術家へのメッセージ

タクティカル・アーバニズムからの学び

タクティカル・アーバニズムの概念化と実践に取り組んできたなかで、我々には二つの大きな気づきがあった。まずは、世界中により インクルーシブで新しい都市づくりのアプローチを渇望している人たちがいると知ったことだ。次に、都市とそこで暮らし活動する人々は、プレイスメイキングやプロジェクトを素早く実行するための指針を求めているということである。政策やプログラム、デザイン、素材、あるいは管理といったさまざまなガイドへのニーズがある。

我々は、こうしたニーズに応え、コミュニティが自律的に変化を実現することを支援する活動に取り組んできた。

日本の実践者たちへのメッセージ

本章の最後に、日本でタクティカル・アーバニズムを実践していく戦術家に対して、四つのメッセージを贈りたい。

まずは、誰もがパブリックスペースを良くすることに取り組めるようにすべきである。誰もがパブリックスペースに働きかける力を持っており、それを高めることで、さまざまな長期的な効果をもたらすことにつながるはずだ。

次に、「飛びながら飛行機をつくる」という言い回しがあるように、

計画は進めながらつくっていくことだ。計画のディテールが 100％完璧にできあがることなど決してない。日本的な感覚になじみにくいかもしれないが、思い込みを取り払ってみることを勧めたい。我々もアクションをしながら、周りだけでなく自らも教育していった。一歩を踏み出すことで、次のステップへの学びが得られるはずである。

　さらに、空間的な観点からは、共通性や反復性があるような状況を見つけることがポイントだ。そのような条件がある場所でアクションを行うと、それを同じような場所に適用することができ、拡大していけるからだ。

　最後に、場をマネジメントしていくための能力を磨いていくことだ。アクションを始めることは簡単であり、誰でもやれることだが、続けることは困難を伴う。サステイナブルに続けていくためには、行動できる人材を地域に増やしていくことである。本書で学んだことを周りの 10 人に伝えれば、1 人ずつのアクションが周囲を巻き込み広がっていくはずである。

Mike Lydon （マイク・ライドン）

Street Plans Collaborative 共同代表。1981 年生まれ。ミシガン大学大学院アーバンプランニング専攻修士課程修了。2006 - 2009 年建築都市設計事務所 Duany Plater-Zyberk & CoDesign に勤務。2009 年より現職。タクティカル・アーバニズムの提唱者。主な著書に『Tactical Urbanism』（共著）など。

Anthony Garcia （アンソニー・ガルシア）

Street Plans Collaborative 共同代表。1980 年生まれ。マイアミ大学大学院建築専攻修士課程修了。2004 - 2009 年建築事務所 Chael Cooper & Associates に勤務。2009 年より現職。15 年にわたって都市計画業務をリードし、Street Plans マイアミ事務所を束ねる。著書に『Tactical Urbanism』（共著）。

02

タクティカル・アーバニズムを読み解く視点

ニューアーバニズムなき
日本のタクティカル・アーバニズム

中島直人

素地としてのニューアーバニズム

アメリカにおけるタクティカル・アーバニズムの提唱者が、フロリダ州マイアミ市に拠点を置く2人の若い都市デザイナーであったというのは偶然ではない。マイク・ライドンは、スマートコードの開発で知られる都市デザイン事務所 DPZ でプロフェッショナルキャリアを開始した。トニー・ガルシアは、DPZ を率いるアンドレス・デュアニー&エリザベス・プラーター・ザイバーク夫妻と並ぶフロリダの代表的な都市計画家であるヴィクター・ドーヴァーと深い関係にあった設計事務所でプロジェクトマネージャーを務めていた。そしてマイアミは、従来のアメリカ型都市のあり方とは異なる新たな将来ビジョンを掲げたプラン「マイアミ 21」を 2005 年に策定し、都市の変革を進めていた［図1］。一言で言えば、マイアミはニューアーバニズム運動の一大拠点であった。ニューアーバニズムの中心地にて、その運動の主唱者たちのもとで、「マイアミ 21」に掲げられたビジョンを実現するための仕事に取り組んでいた2人が、その仕事の課題や限界についての認識に基づいて生み出したのがタクティカル・アーバニズムなのである。

ニューアーバニズムは、自動車に過度に依存したアメリカの都市開発パターンに対する問題意識を共有する建築家や都市計画家たちが始めた都市デザインの思潮・実践両面での一大運動である。1993 年に設立されたニューアーバニズム会議（CNU）が主体となって、都市デザ

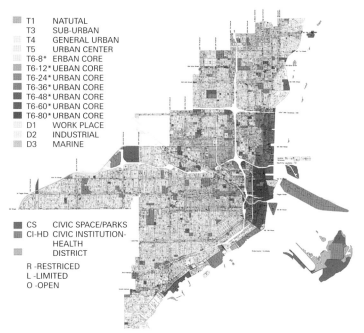

図1 DPZ が開発した「スマートコード」を全市域に適用した「マイアミ21」のゾーニング図
（出典：MIAMI21 ATLAS、City of Miami, 2009）

インの新しい概念や手法の開発・普及を図ってきた。代表的なコンセプトとしては、公共交通計画と土地利用計画を密接に結びつけた開発を志向する TOD（Transit Oriented Development）、半径 1/4 マイル（400m 程度）内の近隣住区を基本的な規模とした開発を志向する TND（Traditional Neighborhood Development）などが知られている。広場や公園などのパブリックスペースの価値を再認識し、ウォーカブルな界隈を生み出すこと、地域固有の自然・文化の尊重、かつ、ミクストユースを推進し、多様性を担保したコミュニティを計画する、といった原則を掲げた。近隣概念の尊重や伝統的な建築スタイルの採用などに端的表れているように、自動車依存以前の都市のあり方＝アーバニズムを重要な基盤としつつ、その現代的な応用を模索していくというのが基本的な姿勢である。当初、郊外部での新規開発に関するデザインに力点を置いていたニューアーバニズム運動も、次第に既成市街地も含む都市全体、さらに成長管理（スマートグロース）とも結びつき、都市圏へと対象を広げ、その制度化、基準化を進めていった。

　「小さなアクションから都市を大きく変える方法論」としてのタクティカル・アーバニズムを理解し、その日本の都市での適用にあたっての課題や可能性を議論するためには、まずタクティカル・アーバニズムの素地としてのニューアーバニズムの存在を意識する必要がある。

アメリカと日本の都市の自動車依存度の違い

　アメリカにおけるタクティカル・アーバニズムは、自動車に過度に依存した都市からの脱却というニューアーバニズムの都市像を素地として持っている。タクティカル・アーバニズムのプロジェクトの多くが「街路」を対象としているのは、その出自と関係している。自動車に占拠された街路を歩行者に、人々に取り戻すという発想は、ニューアーバニズムに端を発しているのである。

　さて、翻って日本の都市の状況を鑑みると、そもそも、日本の都市は自動車に過度に依存した都市ではない。特に大都市圏を中心に軌道系の公共交通によって都市を形成してきた歴史を有するし、実際の交通分担率も、アメリカと日本では異なっている。

　たとえば、マイアミ大都市圏の中心をなすマイアミ・デイド郡の交通分担率（2015年）は、自動車が85.6％なのに対して、公共交通は5.5％、タクシーと二輪車が2.1％、そして徒歩はわずかに1.9％である。それに対して、日本の場合、代表交通手段利用率は、三大都市圏と地方都市圏、平日と休日とで大きく異なるが、マイアミと同じ2015年の調査で、平日の三大都市圏では、自動車は31.6％、鉄道は28.5％、バスは2.3％、二輪車が16.3％、徒歩が21.3％となっている。平日の地方都市圏では、自動車が58.8％と大きな割合を占め、鉄道は4.3％、バスは3.1％、二輪車は16.1％、徒歩が17.6％となっている。休日になると、三大都市圏で自動車が50.7％、地方都市圏で72.3％まで上昇するが、それでもやはり、マイアミのようなアメリカの都市とは交通事情は大きく異なっている。もちろん、日本でもニューアーバニズム運動が目指す持続可能なコミュニティという基本的な目標は浸透しているが、そもそもの都市のかたち、社会のあり方は大きく異なっているし、自動車依存をめぐる課題の深刻度も異なっている。

実はこの相違が、タクティカル・アーバニズムのあり方の違いにも関係している。アメリカの場合、長期的変化として見据えるのは、先に見たニューアーバニズムの都市像である。眼前に自動車依存の都市があるからこそ、その変革のための手段が必要とされたのである。一方で日本の場合、タクティカル・アーバニズムの先にある都市のビジョン、長期的な変化の行きつく先は常に明確であるとは言えない。日本の都市に、ニューアーバニズムのような、良くも悪くも支配的ともいえる、しかし継続的に検討がなされてきた総合的な都市ビジョンはあるだろうか。

たとえば、「コンパクトなまちづくり」というビジョンを掲げて20年近く取り組みを重ねてきた富山市など、いくつかの都市は、公共交通を軸とした都市の再編に関する強いビジョンと総合的な施策を展開しているが、それらは例外的と言わざるをえない。富山の経験も下敷きとして、国土交通省が推奨する「コンパクト＋ネットワーク」という都市像を借りたプランを持つ都市は少なくないが、そこにアーバニズムと呼ぶに値する総合性を見出すことは難しい。

こうした状況下での日本のタクティカル・アーバニズムは、どこへ向かっているのだろうか。むしろ、タクティカル・アーバニズムの先行的展開が、その長期的な変化が向かう先についての議論を誘発し、それぞれの都市がそれぞれに都市像の検討を深めていく契機としていくというのが現実に起きていることではないだろうか。

デザイン・シャレット文化と専門家のあり方の違い

アメリカにおけるタクティカル・アーバニズムは、その来歴から、あくまでニューアーバニズムの一部であり、そのビジョンの実現のための一手段であるという認識が定着している。ニューアーバニズム会議では、タクティカル・アーバニズムは運動創設者たちの次の世代（Next Generation of the New Urbanists）が生み出した重要な運動であると捉えられている。特に手段という側面でいうと、タクティカル・アーバニズムは、ニューアーバニズムが当初より採用してきたデザイン・シャレットの次のステップとして登場してきたという位置づけにある。

デザイン・シャレットとは、建築家や都市計画家、交通技術者やラ

Great idea: Multidisciplinary design charrette
A time-compressed design process that gathers all of the stakeholders and practitioners together has great potential for creating more holistic communities, experts say.

ンドスケープアーキテクトなどの専門家、そしてステークホルダーを一堂に集めて、数日から1週間程度の短期間に特定の地域や場所の課題について集中的に検討し、具体的な解決案を導出するワークショップである［**図2**］。「シャレット」とはもともとフランス語で「荷馬車」という意味だが、専門家たちを1カ所に一気に集めるイメージが荷馬車に通じている。住民や行政担当者との会合など、インプットの機会も効果的にセットされる。デザイン・シャレットは、有効な合意形成手法であると同時に、効率的に解決策を導き出す点、そして、計画そのものの質を高める効果があるとされ、広く用いられてきた。

　タクティカル・アーバニズムとデザイン・シャレットは、解決策を提示する前に現地で思考を重ねるという点は共通しているが、違いはアウトプットにある。デザイン・シャレットのアウトプットは、あくまで紙に描かれた（あるいはパソコンの画面に映し出された）プランである。200以上のシャレットを仕掛けてきたドーヴァーは、何枚も何枚も案を描いて議論していく過程を、「提案して処分する」と表現している。

　一方で、タクティカル・アーバニズムは、実際に現場で空間を構築してみせて、その解決策が妥当かどうかをテストしてみる、そのアクション自体をアウトプットとしている。タクティカル・アーバニズムの主唱者であるガルシアは、デザイン・シャレットのようなニューアーバニズムの従来的手法とタクティカル・アーバニズムの違いについて、後者は「実際に何かを構築することを目的としているということです。

紙に描いたアイデアを実現させられるのです。歩きやすくコンパクトなコミュニティの実現こそ、私たちがしなければならないことなので、どうすればその目標に立ち戻ることができるのかという考えから生まれた」（『25 Great Ideas of New Urbanism』）と語っている。

　ここで、改めて日本の都市デザインに立ち返ってみると、日本ではこのような手段の発展過程を経ていないことに気づかされる。日本でも2000年代から特に教育プログラムとしてデザイン・シャレットが導入され、全国各地で行われるようにはなっているが、実務の世界においては、必ずしもシャレット文化は根づいていない。むしろ、合意形成プロセスにおいては、有効な解決策の導出というよりは、参加というかたち自体を重視するまちづくりワークショップの開催が主流である。タクティカル・アーバニズムも、そのような参加の方法の延長で捉えられることがある。

　こうした方法をめぐる違いは、都市デザインの専門家のあり方の違いとも言えよう。デザイン・シャレットは専門家への社会的信頼のもとに成立している方法である。そのことは、たとえばアメリカですでに30年以上の歴史を持つ都市デザイン市長協会（Mayors' Institute on City Design）による、市長と専門家のみでデザイン・シャレットを開催するという活動を思い浮かべれば、納得がいく。市長と都市デザインの専門家が対等な立場で議論し、都市デザイナーの専門性が尊重されている。その延長線上にあるタクティカル・アーバニズムも、多様な専門家たちによって支えられている。周到なプログラム、評価方法、そして、長期的な変化へとフィードバックさせていくプロセスの設計は、いずれも専門性が必要な内容である。

　一方で、必ずしもデザイン・シャレットからの展開を経ていない日本におけるタクティカル・アーバニズムで、しばしば長期的変化との接続が課題となるのは、そこに必要な専門性への意識が社会に共有されていないことも一因であろう。なお、タクティカル・アーバニズムのアクションは、デザイン・シャレット的な専門家およびステークホルダー同士の徹底的な議論、適切な市民や行政担当者へのインタビューによる地域課題の多角的理解が伴うことで、有効性を増すはずである。

　また、デザイン・シャレットにおける時間的、空間的な集中力がも

たらす効用は、タクティカル・アーバニズムが持つ迅速な実行力と結びついていると考えられる。しかし、日本の場合、小さなアクションでさえ、諸手続きによって迅速さを欠き、集中力が途切れてしまいがちになる。小さなアクションを大きな変化につなげていくためには、関係主体の集中力、専門家の知見と責任に基づく周到さが求められるということだろう。

ニューアーバニズムなき日本のタクティカル・アーバニズムへ

　都市のビジョン、そして実現手段という両面から、ニューアーバニズムを素地としたアメリカのタクティカル・アーバニズムを理解し、ニューアーバニズムなき日本でのタクティカル・アーバニズムの展開の課題を指摘してきた。しかし、アメリカ型のタクティカル・アーバニズムが、唯一正しいタクティカル・アーバニズムということでは決してない。むしろ、日本型の大きな変化の起こし方があるし、日本の都市ならではの戦略、戦術があるだろう。

　日本の都市が立ち向かわねばならない課題、特に人口減少や超少子高齢化という状況の中で生じるさまざまな課題を鑑みると、対象を「街路」に限定しない、より柔軟なタクティカル・アーバニズムの探究が求められていると考えられる。都市の縮退という文脈において、小さな変化の可能性は、むしろ空き家や空き地といった民地側にある場合が多い。全国で不動産事業的リアリズムに基づいた「リノベーションまちづくり」が広がっているが、タクティカル・アーバニズムという方法、あるいは理念は、それらと連携、共振しうるものであろう。あるいは、超高齢化した地域においては、もはや「自動車を運転する必要のない歩ける都市」よりも、「自動車を運転しなくても、そんなに歩けなくても暮らせる都市」が求められる局面を迎えている。タクティカル・アーバニズムは、小さなパーソナルモビリティの実験的導入を大きな都市のモビリティ体系の変革へと展開していく過程や、都市の諸サービスの非固定化、モバイル化の過程においても応用されるはずである。つまり、変革すべきは「過度に自動車に依存した社会」だけではない。閉塞した日本のさまざまな状況に、風通しのための小さな、

しかし大きな世界につながる穴をあけていく方法として、タクティカル・アーバニズムを捉え直したい。

　一方で、アメリカにおけるニューアーバニズムに根ざしたタクティカル・アーバニズムがある種、「計画に馴らされた」手段であるのに対して、日本においては、むしろそうした計画からは自由な立ち位置で、多くの人々の都市への関心を呼び起こし、自治的感覚を取り戻させ、自らの環境をマネジメントしていく行動を喚起するためのアクションとして、タクティカル・アーバニズムが存在する可能性がある。計画というルートを通らずとも、人々の行動や意識を変えていくことで、社会の長期的な変化を導いていくことはできる。その前提として、日本の都市、その社会が持つ環境リテラシーやパブリックマインドに信頼を置きたい。専門家のみが戦術を持つのではなく、まちが、地域が戦術を持ち、駆使していく社会、それは真の意味でレジリエンスを持つ社会であろう。そのとき、タクティカル・アーバニズムは、何かの実現手段に過ぎないのか。すでにこうした段階では、タクティカル・アーバニズム自体が、一つの社会のありようのビジョンとなっているのではないだろうか。

参考文献
・国土交通省都市局都市計画課都市計画調査室「都市における人の動きとその変化：平成27年全国都市交通特性調査集計結果より」2017
・高見沢実「ニューアーバニズムの都市ビジョンとそれを支える先進的計画技術の進展に関する研究 研究成果報告書」2010
・中島直人「自治体首長を対象とした都市デザイン教育に関する研究：米国における都市デザイン市長協会（MICD）の活動に着目して」『都市計画論文集』45巻3号、2010
・中島直人「アーバニズムとアーバニスト：成熟していく都市の循環的な都市デザイン像を求めて」『都市＋デザイン』38号、2020
・李寶欄・高見沢実・野原卓「マイアミ市におけるニューアーバニズム型ゾーニングの全面適用に関する考察」『都市計画論文集』46巻1号、2011
・The City of Miami、MIAMI 21 your city your plan
・Congress for the New Urbanism, 25 Great Ideas of New Urbanism, 2018
・Paulo Silva, Tactical urbanism: Towards an evolutionary cities' approach?, Environment and Planning B: Planning and Design, 43 (6), 2016
・Transportation in Miami, The Florida International University Jorge M. Pérez Metropolitan Center, 2016

中島直人 （なかじま・なおと）
東京大学大学院工学系研究科都市工学専攻准教授。1976年生まれ。東京大学工学部都市工学科卒業。同大学院博士課程修了。博士（工学）。東京大学大学院助教、慶應義塾大学准教授等を経て、2015年より現職。専門は都市計画、都市デザイン。著書に『都市計画の思想と場所』『都市美運動』など。

プレイスメイキングの手法としての タクティカル・アーバニズム

田村康一郎

タクティカル・アーバニズムとプレイスメイキングはともに、2010年代後半から、日本でも都市やパブリックスペースに関わる専門家の間で認知が拡大した言葉である。しかし、これまで日本では、両者は一見似たようなものと見なされつつも、その違いや関係性についての理解までは広まっていなかった。

本稿ではこれら二つの概念の関わりを解きほぐしながら、日本でこれから実装していくためのポイントについて考える。

プレイスメイキングとは

まずは、プレイスメイキングとはいかなるものかを整理しておきたい。世界的な普及啓発を担う団体であるプレイスメイキングXによると、「コミュニティの中心としてパブリックスペースを再考し、改革するために人々が集まって描く共通の理念」と定義される。その理念に基づいて、ただ物理的に存在するだけで魅力のない「スペース（空間）」を、コミュニティや利用者にとって意味のある「プレイス（場）」へと変えていくことが、プレイスメイキングによるパブリックスペースへの介入である。

プレイスメイキングの考え方は、1975年にニューヨーク市で設立された非営利団体プロジェクト・フォー・パブリックスペース（PPS）によって生み出された。PPSの活動は、アメリカのアーバニスト、ウィ

リアム・H・ホワイトによるパブリックスペースでの行動観察手法や、ジャーナリスト、ジェイン・ジェイコブズによる、ヒューマンスケールを重視した都市論に影響を受け始まった。時代とともに発展を経て、明確に「プレイスメイキング」と称され始めたのは 1997 年からである。

　プレイスメイキングのアプローチは、トップダウン的なプロジェクト主導型アプローチとの（批判的な）対比によって説明される。プロジェクト主導型は往々にして多額の費用を要するものであり、特定の課題を解決することを前提とする。地域コミュニティの参加機会が限定されている場合、プロジェクトの課題設定は住民のニーズを捉えられていない可能性があり、その帰結として場所性に乏しいデザインに終わりがちという点が問題とされる。

　これに対して、プレイスメイキングのプロセスは、①場の設定と関

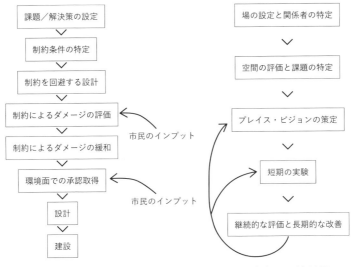

プロジェクト主導型アプローチ

- 課題／解決策の設定
- 制約条件の特定
- 制約を回避する設計
- 制約によるダメージの評価　← 市民のインプット
- 制約によるダメージの緩和
- 環境面での承認取得　← 市民のインプット
- 設計
- 建設

ネガティブな結果
狭いゴール
危機への対応／政治主導
反発的なコミュニティ会合
高額
静的で場所性のないデザイン

プレイスメイキングのアプローチ

- 場の設定と関係者の特定
- 空間の評価と課題の特定
- プレイス・ビジョンの策定
- 短期の実験
- 継続的な評価と長期的な改善

ポジティブな結果
コミュニティの強化
パートナーや資源およびクリエイティブな解決策の誘引
利用をサポートするデザイン
フレキシブルな解決策
拡大する関わりと貢献
自己管理

図1　プロジェクト主導型アプローチ（左）とプレイスメイキングのアプローチ（右）（出典：＊1）

係者の特定、②空間の評価と課題の特定、③プレイス・ビジョンの策定、④短期の実験、そして⑤継続的な評価と長期的な改善、という五つのステップにまとめられる。プロジェクト主導型はスタートから建設までが一直線のフローであるのに対し、プレイスメイキングはステップ⑤から③および④にフィードバックがあるループ型であることに注意したい［**図1**］。

「LQC」に見るタクティカル・アーバニズムとの類似性

プレイスメイキングにはいくつかの特徴的な手法があるが、ここでは上記のステップ④に関係した「気軽に、早く、安価に（Lighter, Quicker, Cheaper）」（以下、LQC）という考え方を紹介する。これはその言葉通り、短期の実験を行う際にとるべき態度を表したものであり、まずは簡素でいいからアクションを起こすことが、プレイス・ビジョンの実現に向けて重要であることを強調したものだ。これはタクティカル・アーバニズムにおける「短期的イベント」または「実験」と非常に近いものだ（1章参照）。

プレイスメイキングの手法的特徴となっているLQCであるが、確立されたのは2010年になってからである[*2]。タクティカル・アーバニズムの着想と同様、2000年代後半によく見られるようになったゲリラ的、あるいはDIY的なプロジェクトが参照されており、さらにPPSとしての経験の蓄積から導かれたのがLQCだ。

タクティカル・アーバニズムとの混同

このように、短期的な実験から長期的な改善を目指す点において、タクティカル・アーバニズムとプレイスメイキングの類似性は高い。しかし、それぞれの出自を辿ると、それらは概念が形成された時期も土台も異なるものだということがわかる。

日本では、それぞれの概念の輸入過程の中で、両者の区別がわかりにくくなったきらいがある。1970年代から続くPPSの活動やプレイスメイキングについては、日本でも紹介されてきたものの、その認知

が近年になって拡大した経緯として、2014年に国土交通省が主催した
プレイスメイキング・シンポジウムの影響がある。対して、ストリー
ト・プランズのマイク・ライドンおよびアンソニー・ガルシアによる
タクティカル・アーバニズムの単行本が刊行されたのが2015年であり、
シンポジウムと近い時期に日本でも情報が広がっていった。

　そのような状況に加え、プレイスメイキングの事例もタクティカル・
アーバニズムの事例も、写真からは一見似たように見えがちなこと、
日本国内での咀嚼や研究が限られていたこと、そしてそもそもアメリ
カでも両者の関係はあまり論じられてこなかったこと、などが相まっ
て、日本でのパブリックスペース活用の機運が高まるなかで、二つの
概念の明確な区別は必ずしも共有されないままであった。

プレイスメイキングのための戦術

　それでは、二つの概念の関係性をタクティカル・アーバニズムの提
唱者自身はどのように捉えているのだろうか。この疑問に対してライ
ドンは、「プレイスメイキングは大きな概念であり、タクティカル・アー
バニズムはそれを実現するための手法」と、来日時に明確な回答をし
ている。両者は目指すところを共通としながら、冒頭で述べた定義が
示す通り、プレイスメイキングの本質は総体的な理念である一方、タ
クティカル・アーバニズムは手法論としての側面が強いということだ。
さまざまなガイドが編まれていることからも、タクティカル・アーバ
ニズムは実務で適用できる手法であることが意識されている。

　一方、理念としてのプレイスメイキングは、その手法として戦術的
な一面を持ちながらも、異なる側面も持ち合わせている。さまざまな
見方が可能ではあるが、一例としてプレイスメイキングで語られる四
つの類型を紹介したい [図2]。まず「標準的プレイスメイキング」があ
り、その中に手法的な重点によって、「戦術的プレイスメイキング」「戦
略的プレイスメイキング」そして「クリエイティブ・プレイスメイキ
ング」が存在する[*3]。

　ここで整理されている通り、戦術的観点はプレイスメイキングの一
側面といえる。他方で、スポットでの短期的なアクションから次の手

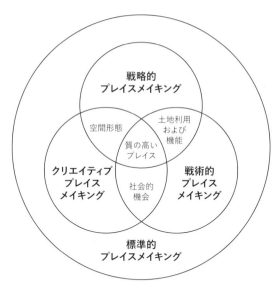

図2 プレイスメイキングの4類型（出典：＊3）

に進めていくよりも、先により広域でのゴールを設定して計画的にプロセスを組むことに重きを置くのが戦略的プレイスメイキングである。クリエイティブ・プレイスメイキングは、手段としてアートやカルチャーの活動または発想を取り入れたものだ。これらは排反するものではなく、戦術的プレイスメイキング（あるいはタクティカル・アーバニズム）は戦略的側面やクリエイティブな要素も持ちうる。

プレイスメイキングの発展と本質

　プレイスメイキングの発展過程での戦術的手法の導入や諸類型を見てきたわけだが、手法的な面ではプレイスメイキングは拡張性が高いものだということがわかる。これはプレイスメイキングの本質が「理念」であるためだ。その理念のために、時代の要請や国・地域ごとの特性に即しながら新しい手法が取り入れられている。

　また、プレイスメイキングは都市計画や空間デザインといった特定の専門分野の枠に収まるものではないことも特記しておこう。むしろ積極的な領域横断に価値が見出されている。草創期に文化人類学的な

観察手法が基盤とされたことや、アートを取り込んだクリエイティブ・プレイスメイキングという分野が現れていることはその象徴と言える。

理念と手法の両輪で日本のパブリックスペースを変える

　本稿では、タクティカル・アーバニズムはプレイスメイキングを実現するための手法であると述べた。この認識に立つと、ここまで紐解いてきたプレイスメイキングの成り立ちや体系を念頭に置くことが、日本におけるタクティカル・アーバニズムの実践の価値を高めることにつながるのではないだろうか。手法と理念を両輪とすることで、意義があり、かつ目に見えるパブリックスペースの変化を生むことができるはずだ。

　本書で紹介しているタクティカル・アーバニズムの事例の多くは、長期的なプレイスメイキングにつながっている好例と言える。短期的なアクションで終わらずスケールアップしていること、アクションによって人々を巻き込んでいること、そして結果として親しまれる「プレイス」が出現していることが共通点として挙げられる。換言すれば、単発のイベントに終わらせないこと、デザインやコンテンツありきの供給者主導とならないこと、プレイスとするためのビジョンを持つこと、これらがポイントであると言えよう。

出典
1　Project for Public Spaces, How to Turn a Place Around – A Placemaking Handbook, 2018
2　Ethan Kent, Leading urban change with people powered public spaces. The history, and new directions, of the Placemaking movement, The Journal of Public Space, 4（1）, 2019
3　Mark A. Wyckoff, Definition of placemaking: four different types, Planning & Zoning News, 32（3）, 2014

田村康一郎（たむら・こういちろう）
株式会社クオル・チーフディレクター／一般社団法人ソトノバ共同代表理事。1985 年生まれ。東京大学工学部卒業。同大学院新領域創成科学研究科修士課程修了。海外都市・交通計画コンサルタントを経て、プラットインスティテュート都市計画・環境大学院プレイスメイキング専攻修士課程修了。2020 年より現職。

都市プランニングの変革と タクティカル・アーバニズム

村山顕人

　本稿では、都市プランニングの二つの視点からタクティカル・アーバニズムの位置づけや意義について考えたい。一つめは、タクティカル・アーバニズムの対象である都市の物的環境とそのリデザインに着目する視点である。二つめは、タクティカル・アーバニズムのアプローチを理解するための手続き的計画論の視点である。

都市の物的環境のリデザイン

　都市の物的計画を中心として構成される都市基本計画とは、それを体系化したアメリカのT・J・ケント Jr. によると[*1]、「将来の望ましい物的開発に関する主要な方針を定める自治体の公式な宣言」である。また、「基本計画は、コミュニティの一つの統合された物的デザインを含み、物的開発の方針と社会・経済の目標の関係を明らかにしようとしなければならない」とされている。

　都市基本計画は、「概略」「基本」「総合」「長期」「枠組み」「開発」「戦略」などの性質を持つ。ここでは、自治体においてこのような都市基本計画を策定することを「都市（の）プランニング」と呼ぶ。日本の自治体の場合、この「都市基本計画」に相当するのは、都市計画法に基づく都市計画マスタープラン、都市緑地法に基づく緑の基本計画、景観法に基づく景観計画、交通や環境、住宅等に関わる各種計画であり、分野別・行政担当部局別に分かれている。地方自治法に基づく総合計

画は、もはや空間計画の要素を失っている。

　成長時代の都市プランニングは、人口や経済が成長する都市を支えるための物的環境を開発するために、それを構成する要素間（個々の敷地の土地利用や建物と都市施設）を調整し、調整の結果を計画として定めるものであった。それに対して、成熟時代の都市プランニングは、成長時代に開発した都市を、変容する社会・経済・環境に応答してリデザインする取り組みである。

　現代の日本の都市のプランニングには、市街地の拡大・拡散を制御しつつ、市街地の一部を低密度化させ、成長時代に整備した都市基盤や公共施設、民間の生活支援施設を維持するために市街地の一部の密度維持あるいは高密度化を図り、都市全体の構造と形態にメリハリをつけることが求められている。また、都市を構成する多様な地区においては、既成市街地の更新（再開発・修復・保全）を通じて魅力的な都市空間を創出し、人々の生活の質の向上に貢献することが求められる。実際の都市では、現在そして未来の状況は複雑であり、物的環境に対する要求は多様であるため、丁寧なプランニングが求められる。

　しかし、こうした都市プランニングには時間がかかる。都市プランニングは、「構想−計画−実現手段（規制・誘導・事業）」の枠組みで捉えることができる[*2]。そもそも、「計画」は、どのような背景や目的の下でどのような物的環境を目指すのかを示す「構想」がなければ、作成することができない。また、「計画」を実現させるためには、土地・建物・交通等に関わる「規制」「誘導」を適用し、民間・公共の「事業」を実施しなければならない。つまり、「計画」は、理念的には、「構想」を実現させるための具体的な「規制」「誘導」「事業」を都市のどこでどのように適用あるいは実施するのかを定めるものである。

　ここで、「規制」には、土地利用・建築規制、交通規制、公共空間の使い方ルールなどがある。また、「誘導」には、デザイン・ガイドラインやそれに基づく協議、ボーナス・システム、補助金制度などがある。そして、「事業」には、都市施設・市街地開発の事業、民間企業や個別地権者の事業、NPOや社会的企業の事業がある。

　近年、構想を練り、計画を策定し、それを実現する規制・誘導・事業を展開するという伝統的アプローチが都市の物的環境をめぐるさま

ざまなアクションのスピードに合わなくなっている。森林や農地を市街地に転換していくような成長時代には、時間をかけて確実に物的環境を形成していくこのアプローチは有効であった。しかし、成熟時代では、既成市街地の再生にさまざまな主体が関わり、必要に応じて従来の規制・誘導・事業を変更していくことが要請され、また、IoT やAI を伴う新しい価値やサービスが次々と創出される時代には、都市の物的環境をダイナミックに活用することが期待されている。

こうしたなか、さまざまな実験から規制・方針・プログラムを変えていく戦術的アプローチあるいは実験的アプローチが世界中で登場している。「都市の実験室」「低炭素地区」「プラットフォーム」「実験室としての生活空間」「イノベーション・ゾーン」「実証基盤」などさまざまな名称があるが、いずれも、都市を構成する地区、その中でも街区・街路において実験的な取り組みを行い、そこで成功したことを都市全体に展開していくようなアプローチである[*3]。

都市プランニングの手続き的計画論

次に、二つめの視点として、手続き的計画論からタクティカル・アーバニズムのアプローチの特徴を理解していきたい。アメリカでは、1960 年代以降、プランニング一般の姿勢あるいは行動を後追い的に説明し、それを規範として提示する計画論の研究が展開された。ここでは、マイケル・P・ブルックス[*4]等に基づく四つのプランニング・モデルの枠組みを利用し、代表的な計画論を位置づけてみたい[*5]。

四つのプランニング・モデルとは、①技術官僚モデル、②政治的影響モデル、③社会運動モデル、④協働モデルである。これらは、利害関係者の多様性・相互依存性の軸とプランニングが行われる場所（集権的か分権的か）・行動（科学的に合理的な行動を伴うのかどうか）の軸で整理される [図 1]。

1）技術官僚モデル

このモデルは、分析、規制、決められた目標の実現を重視し、利害関係者の多様性や相互依存性が低いときに最も有効である。このモデ

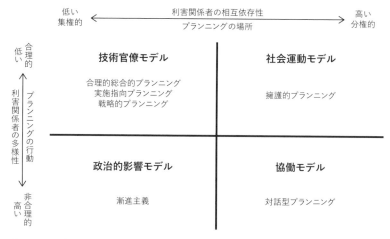

低い
集権的　←　利害関係者の相互依存性　→　高い
分権的
　　　　　　　　プランニングの場所

低い　合理的

高い　非合理的

利害関係者の多様性

プランニングの行動

技術官僚モデル

合理的総合的プランニング
実施指向プランニング
戦略的プランニング

社会運動モデル

擁護的プランニング

政治的影響モデル

漸進主義

協働モデル

対話型プランニング

図1　四つのプランニング・モデル

ルの本質は、技術者や官僚が科学的な分析を通じて意思決定者に正しいアクションを確信させることである。

　このモデルに位置づけられる合理的総合的プランニングは、プランナーが技術者としての専門的判断に基づき都市の物的環境を長期的視点で合理的・総合的に計画するもので、都市の最適化が目指され、直線性、客観性、確実性、総合性が重んじられる。次に実施指向プランニングは、目標は実施される施策との関係を踏まえて設定されるものと考え、計画の実施状況に関する事後評価を重視する。そして、戦略的プランニングは、時間の経過に応じて戦略的に選択していく連続的な過程であり、ミッション・ステイトメント、SWOT分析、課題分析、ビジョン策定、施策策定の諸要素を含む。3〜5年の短期的なプランニングに適用されることがほとんどで、合理的総合的プランニングとは逆に、循環性、主観性、不確実性、選択性が重んじられる。

2）政治的影響モデル

　このモデルは、政治的リーダーが自分への忠誠心と引き換えに利害関係者に利益を配分する行動を伴う。多様な利害関係者が存在しても成立するが、個々の利害関係者は利益を獲得することに注力し、政治的リーダーは自分に権力を集中させることに多忙なため、利害関係者

間の水平的対話はほとんどない。このモデルにおいて、プランナーは政治と向かいながら利害関係者を共通のアクションに向けて束ねる。

　このモデルに属する漸進主義は、プランニングを個別的・漸進的なもの、政治的な受容と合意が必要なものとして捉えている。漸進主義のプランニングの結果として得られるのは、合意された目標に対する最も効率的・効果的な解決策では必ずしもなく、すべての主体に受容される政治的な解決策である。

3）社会運動モデル

　このモデルは、権力構造から除外された利害関係者が、あるビジョンを中心に草の根サポートを寄せ集めて連合し、プロテスト、メディアからの注目、正確なデータの提示を通じて意思決定に影響を与える行動を伴う。利害関係者の相互依存性は高いが、その多様性は低い。このモデルでは、プランナーが政治的活動家として利害関係者をあるビジョンやアクションに転向させようとする。

　このモデルに属すのが擁護的プランニングである。これは、社会は異なる価値観を持つ多数のグループによって構成されるという多元主義から出発し、広域に定義される公共の福祉のためではなく、特定の個人やグループのための活動である。公共の利害は唯一であるとの社会通念を打ち破り、中立的な価値に基づく評価や最適化を排除する。

4）協働モデル

　このモデルは、利害関係者の高い多様性と相互依存性の両方を組み入れるもので、利害関係者が共通の理解、方向性、発見的学習に向けて共同的に進化することを目指す。ここでのプランナーはコミュニケーターである。

　このモデルに属する代表的な計画論は、対話型プランニングである。これは、ポスト・モダニズム時代の計画論で、秩序、総合性、予測可能性、合理性といったモダニズム時代の特徴から離れたものである。我々が抱える問題が複雑で解決困難なこと、問題が発生する社会的・経済的・政治的環境がカオス的な性質を持つことを前提に、アイデアとアイデア、人と人を結びつけ、共同的学習を促進し、利害関係者をコーディ

ネートし、社会的・知的・政治的資本を形成し、最も挑戦的な仕事に取り組む方法を模索している。

　以上四つのプランニング・モデルは、実務では共存していると言われている。アンドリュー・H・ウィットモアは、手続き的計画論を巡る学説と実務者による見解を比較し、学説にはその時々の流行というか最先端の論があり、古い計画論が新しい計画論に置き換えられたかのように錯覚するが、実務では多様な計画論が複雑な形で共存していることを指摘している[*6]。

　このように、タクティカル・アーバニズムは、都市の物的環境のリデザインを街区・街路における実験的な取り組みを通じて進める実務的なアプローチであり、四つのプランニング・モデルのどの側面も有している。現代でも、行政部局は技術官僚モデル、首長や議員は政治的影響モデル、市民活動家や市民団体は社会運動モデルに基づき行動し、そこに事業を展開する開発事業者や専門的知見を提供する建築家、都市計画家等が加わり、全体として協働モデルで説明できるようなプランニングの環境がある。タクティカル・アーバニズムは、このような都市プランニングの現代的な環境の中で、物的環境を効率的・効果的にリデザインしていく原動力となる思想および活動だと理解することができよう。

出典
1　T.J. Kent Jr., The Urban General Plan, American Planning Association, 1990
2　中島直人・村山顕人ほか『都市計画学：変化に対応するプランニング』学芸出版社、2018
3　James Evans, Andrew Karvonen and Rob Raven, The Experimental City, Routledge, 2016
4　Michael P. Brooks, Planning Theory for Practitioners, American Planning Association, 2002
5　Akito Murayama, Toward the Development of Plan-Making Methodology for Urban Regeneration, in Masahide Horita and Hideki Koizumi eds., Innovations in Collaborative Urban Regeneration, Springer, 2009
6　Andrew H. Whittemore, Practitioners Theorize, Too: Reaffirming Planning Theory in a Survey of Practitioners' Theories, Journal of Planning Education and Research, vol.35, issue 1, 2014

村山顕人（むらやま・あきと）
東京大学大学院工学系研究科都市工学専攻准教授。1977年生まれ。東京大学工学部都市工学科卒業。同大学院博士課程修了。博士（工学）。名古屋大学大学院准教授等を経て2014年より現職。専門は都市計画、都市デザイン。名古屋市錦二丁目長者町のまちづくり等にも関わる。共著書に『都市計画学』など。

政策・計画へつなぐ
実験・アクションの戦略

中島 伸

　これまでのまちづくりの計画の多くは計画されて終わり、実行に移されることが少なかった。だからこそ、すぐやることの重要性を説く戦術的計画論であるタクティカル・アーバニズムが期待されている。近年、タクティカル・アーバニズムは日本でも言葉としては以前に比べて広まってきている印象がある。

　アメリカでは、ビジョン実現のための戦術としてタクティカル・アーバニズムが生まれてきた背景に対して、日本ではビジョンの実現のためというよりもビジョン形成と同時進行もしくは、ビジョン形成のための社会実験のなかで、タクティカル・アーバニズムが議論され、実践されていることが多いのではないだろうか。

　そこで、本稿では、筆者がまちづくりの現場として関わってきた東京都千代田区神田地域（以下、神田）を対象に、社会実験などのアクションから政策や計画へと接続する戦略について考察し、日本におけるタクティカル・アーバニズムの受容について考えてみたい。

日本のボトムアップのまちづくりと社会実験の展開

　高度経済成長期以降、特に平成に入り、日本での市民参加によるボトムアップ型のまちづくりはかなり浸透してきた。手法としての市民ワークショップも定着し各地で行われている。身近な都市環境の課題を生活者目線で発見し、自分たちの手で改善していくこと、つまり、ま

ちづくりはこれまでも戦術的なアプローチを旨として進められてきた。

　しかし、いざ、まちづくりに取り組むと、ワークショップを通じて意見を集約し、まずはできることからやってみても、やってみたことがなかなか継続できない。そして、徐々に参加者が減り、期待した成果が得られないから閉塞感を感じるようになる。

　とかく日本ではボトムアップ型のまちづくりのアクション・プログラムが論理的な整理が不十分なまま実施され、「あえなく失敗」するケースが多かった。このときにアイデアが良くなかったと考えがちだが、実際にはアイデアを成功に導く論理的な戦術が足りていなかったのだ。

　近年、まちづくりの手法として社会実験の実施によるパブリックアクションをフィードバックしながら都市計画やまちづくりを進めることも広がりつつある。この流れは、タクティカル・アーバニズムの手法と文脈的にも重なっており、今後さらに発展していくことが期待さ

社会実験のねらいと規模から考える

社会実験

地域実験

個人実験

社会実験…社会が経験したことがなかったことをやってみること。
　　　　　社会制度の改革を期待。実験を通じて、法制度の変更を目指す。
　　　　　地域のみならず、国へのフィードバックが重要。

地域実験…地域が経験したことがなかったことをやってみること。
　　　　　地域の課題解決を期待。他地域の先行事例などからの学びが多い。
　　　　　ステークホルダー間の調整を重視。
　　　　　自治体やエリマネ組織にフィードバックされる。

個人実験…個人が経験したことがなかったことをやってみること。
　　　　　まちのプレイヤーが新しく生まれることを期待。
　　　　　地域の課題解決よりもその人らしくそこで暮らすことができるかを重視。
　　　　　それゆえ、公的実施の意義は薄め。
　　　　　社会実験が失敗すると良くない個人実験に陥り自己満足になる恐れも。

図1　社会実験の3階層

れる。ここでも社会実験をやって終わりにならないように注意したい。実験である以上、成果を次の行動、計画にフィードバックすることが求められる。つまり、社会実験が何にフィードバックされるのかを参加者で共有することが、計画の実現において重要である［**図1**］。

神田の社会実験

1）地域の課題と協議会の設立

神田は20世紀後半に都市化に伴う空洞化が社会問題化し、住宅附置義務などの制度を開発要綱に盛り込み、開発行為に対して住宅用途を誘導する政策を展開してきた。この政策による都心回帰の流れを受けて、居住人口が順調に回復したことは、一方で町会といった伝統的なコミュニティとマンションに入居する新住民のコミュニティの間の関係性に課題を引き起こした。

また、近年高まる開発圧力のなかで、神田の都市環境も大きく変わる節目にある。東京都心部を東西に接続する国道・靖国通りの南側に並行して区道の神田警察通りがある。JR神田駅から幅員22m、4車線一方通行と駐車レーンがある自動車交通中心の道路である。2020年現在、千代田区では神田警察通りの再整備事業を実施中である。

道路の再整備という公共事業のために、千代田区では、周辺住民らで組織する神田警察通り沿道整備推進協議会（以下、協議会）を立ち上げ、道路工事に関することやまちづくりについての意思決定組織に位置づけた。区は2011年「神田警察通り沿道まちづくり整備構想」を策定し、2013年には構想実現のために「神田警察通り沿道賑わいガイドライン」を策定した。途中、一部住民の反対運動なども経て、工事がなかなか進捗しない一方で、神田警察通りを自動車中心から歩行者中心の通りへと変えるべく「神田警察通り賑わい社会実験」が2016年から2017年にかけて実施された[1]。

2）社会実験のプログラム

社会実験は、協議会を母体とした実行委員会にUR都市機構が事務局

となり実施された。2016年の社会実験では、公共空間整備の専門家としてゲール・アーキテクツが招聘され、近隣大学のまちづくりの専門家が支援し実施された。初年度ということで、リサーチを中心に展開し、ミニ社会実験として神田警察通りの駐車レーン2カ所に仮設空間を設置し、椅子やテーブル等のファニチャーを置き、オープンワークショップやトークセッションなどを開催し、地域住民とのアイデア出しなどを行った。

　翌2017年は、実験の規模を拡大し、開発事業者などを企画支援企業として、社会実験に参加する地元企業を得意分野協力企業として、大学は全体のプロセスデザインと調査の監修を担当し、実施体制を構築した［図2］。また、社会実験では居住者、通勤者、通学者、神田にゆかりのある将来の担い手を広く企画実践者として公募し、アクションの企画から実践まで支援するというスタイルで、12のアクション・プログラムが実施された［図3］。

　社会実験は1週間にわたって実施され、公共空間利用の滞留行為や回遊性の向上などの成果を確認することができた。

　社会実験のプログラムを一部抜粋すると、賑わい空間創出のために路地を活用した飲食スタンドの設置実験を通じて、神田の下町固有の路地横丁の魅力を再確認することができた。また、子育て世帯に訴求するアートプログラムや遊びの空間を駐車場の転用実験として実施することで、子育て世帯が地域で認知されていないこと自体への課題、またそうした層が出かけることができる場所が不足している課題など

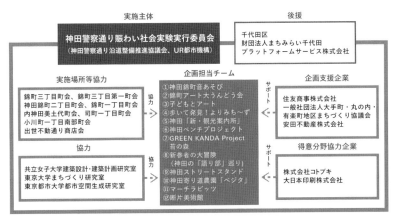

図2　神田警察通り賑わい社会実験2017の実施体制（出典：＊1）

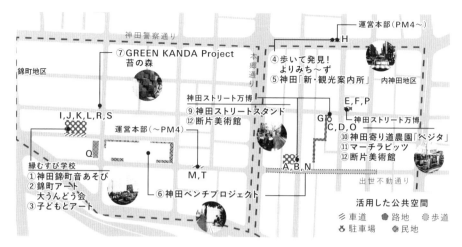

図3　神田警察通り賑わい社会実験 2017 で実施した 12 のアクション・プログラム（出典：＊1）

が浮き彫りとなった。公共空間や公開空地にベンチを設置するというシンプルな企画もまた、こうした滞留空間が乏しいという課題を顕わにし、またベンチプロジェクト通じて、さまざまな公共空間での活動を誘発することが明らかになった。

　こうした一連の社会実験のプロセスと効果測定の調査は大学が主導しさまざまなデータ分析が行われた。実施された調査は、①アクティビティ（利用者の滞留行動）調査、②アンケート調査、③歩行者通行量調査、④ベンチ利用調査、⑤散歩アプリ利用者の回遊行動調査、⑥モニター調査、⑦ SNS 調査と多岐にわたる。

　そして、社会実験後には振り返りワークショップが実施され、実験成果が今後のまちづくりの課題と合わせて整理され、ステークホルダー間で共有され、協議会へと還元された。

社会実験後のまちづくりへの接続

1）社会実験から生まれた民間広場

　社会実験での空地を活用した賑わいづくりのパブリックアクションは、協議会に参画する地元町会住民にとって、オープンスペースの乏

図4 神田錦町キンキン広場（左）で開催された錦町餅つき大会（右）（右写真出典：神田町会連合会ウェブサイト）

しさの課題とこうした地域活動が展開できる場の必要性を改めて再認識する機会となった。これまで街路整備を中心に検討してきた協議会にとって、社会実験での成果は新しい空間活用の需要を掘り起こしたといえる。

　そこで、社会実験と協議会の事務局であった UR は神田の当該地域に所有していた開発用保留地の暫定利用として、仮設の民間広場「神田錦町キンキン広場」をローコストで整備した［**図4**］。50㎡程度の敷地ではあったが、地元町会では、これまでしばらく実施していなかった 5 町会が連合した餅つき大会を開催し、町会員にとどまらず、地域の子育て世帯も参加し盛況であった。

　この経験を通じて、それまでの社会実験では企画実践者のやりたいことを追認し講評する立場であった町会が、地域住民が活動、交流できる広場の重要性を認識し、地権者として開発事業者の支援も得ながら積極的にまちづくりを進めていくことが明確に共有されるようになった。

　神田においてまちづくりの意思形成のステークホルダーとして重要な位置を占める町会の人々に、社会実験の波及効果としてこのような地域のまちづくりへのビジョンが認識されたことは、社会実験の戦術的計画論として評価できるだろう。空間を整備したことで、そこで活動が生まれ、利用者が非公式ながらまちづくりのビジョンを進化させ共有していったことに意味がある。

2）社会実験の成果をまちづくりのビジョンへと接続する

　社会実験後の 2019 年、協議会内にまちづくり部会（部会長は筆者）が発足し、道路整備にとどまらない沿道地域のまちづくりの議論が本格

化した。

　このまちづくり部会は、近年高まる神田地域の開発圧力に対して、開発を踏まえた地域のまちづくりの今後を構想するビジョンを、これまでのガイドラインをさらに精緻化する形で検討を進めている。社会実験を通じて地域で共有された成功体験や課題は、2017年から時間はかかりつつも、今後のまちづくりのビジョンに結実しつつある。

　まちづくり部会ではキンキン広場の整備によって共有されたオープンスペースの活用イメージをもとに、今後開発によって造成されるオープンスペースについても議論するようになった。

　このように神田では、公的な計画やビジョン形成において、どんな主体がどのような空間利用を通じて、コミュニティの課題解決につなげていけるのか、社会実験の経験がフィードバックされるようになった。これまでの流れを振り返ると、神田では、①社会実験による短期的なアクションから、②ローコストで仮設の広場設置を通じて、③今後の中期的な地域の方向性を示すビジョンの形成へと段階的につなげることができたといえるだろう。

実験を政策につなげるロングターム・チェンジの戦略

　タクティカル・アーバニズムは、ショートターム・チェンジのアクションの成功率を論理的に高めることが主眼である。その先に初めてロングタームへの接続がある。このロングターム・チェンジは、政策や都市計画、公的なまちづくりのビジョンによって担保されると考えると、社会実験を通じて実践されたショートターム・チェンジが大きな計画につながっていくことで、将来的なロングターム・チェンジを展望できるという流れである。

　アメリカのタクティカル・アーバニズムの実践において、ロングターム・チェンジは、既存の計画にどのように接続するかということであって、既存の計画の描き直しは行わない。どう接続しながらロングターム・チェンジを狙うかを初期段階から考える。ここにはっきりと計画に対する意思が求められる。

　しかし、日本では計画を実現するためというよりも、計画の形成と

同時進行もしくは、計画を形成するために行う社会実験の実践と並行して、タクティカル・アーバニズムが導入されることが起こりがちである。実際、これを丁寧に実践することで社会実験から政策や計画につながることが有効である場合がある。ここに日本におけるタクティカル・アーバニズムの活路がある。周到に計画された社会実験は、地域の課題の顕在化や空間活用の可能性を引き出し、公的な計画や政策形成に接続することが戦略的に可能となる。

　まちづくりの現場で、地域のビジョンが不明瞭で課題が個別化し、状況が硬直化することがある。タクティカル・アーバニズムの発想に基づいた社会実験は、「誰が、どの場所に、どのように展開するか、またそれを地域で制度や財政も含めてどのように支援すればよいか」ということを関係者に共有させ、動的に政策や計画に接続する。そこで重視されるのは、ステークホルダーの共通体験を増やし、密度の濃い時間を過ごすことで、実験の価値を本質的なところで理解しあうことである。神田においても複数のステークホルダーが継続的にその場所に関わり対話を継続したことで、政策接続の糸口をつかんだといえる。ロングターム・チェンジにつなげる息の長い主体の連携を基礎に、プレイヤーが流動するプラットホームやネットワークを形成することも、社会実験の役割の一つと考えられる。

出典
1 　泉山塁威・中島伸・小泉秀樹「公共空間活用における「参加型社会実験手法」としての「神田警察通り賑わい社会実験2017」の成果と課題」『都市計画論文集』53巻3号、2018

中島　伸（なかじま・しん）
東京都市大学都市生活学部都市生活学科准教授。1980年生まれ。筑波大学第三学群社会工学類卒業。東京大学工学系研究科都市工学専攻博士課程修了。博士（工学）。東京大学大学院特別助教等を経て、2020年より現職。専門は都市デザイン、都市計画。東京・神田警察通りのまちづくり等にも関わる。

建築家が都市にコミットするための実践的アプローチ

西田 司

　本稿では、建築とタクティカル・アーバニズムの関係を紐解いていくにあたり、建築家が都市を考えること、建築家がまちづくりを実践すること、の二つの視点からタクティカル・アーバニズムの価値を浮き彫りにしていきたい。

建築家が都市を考える

　言わずもがなの話だが、建築と都市は地続きだ。しかし、大学で設計課題をやっていたり、仕事として住宅や施設を設計していたりすると、ついつい与えられた「敷地の中」ばかり考えてしまい、そこにどんな建築を建てるかを考えることに集中してしまう。これは職能として仕方のないことではあるが、建築の専門性が陥る罠である。

　一方、日々の暮らしでは自分の家や利用する施設ばかりが経験として記憶されるわけではなく、住宅と都市空間は一体的で連続的である。そう、人は暮らしの中で敷地の存在を認知したり、記憶したりすることはほぼない。

　それは逆説的に考えると、建築を設計するときに、（敷地境界線からはみ出して設計するということではなく）自らの都市での体験を空間の設計につなげることで、建築と都市を地続きで設計する感覚が身につけられるのではないだろうか。そのために、建築設計者ができる三つのコツ（視点）を紹介したい。

1）建築をひらく

　まず手始めとしては、建築を考えるときに、常に、そのビルディングタイプの利用者に限らず、地域やコミュニティにひらくことを考える。これは、小学校に地域連携スペースをつくるような、機能を複合する方法もあれば、住宅の縁側や劇場のホワイエのような建築を部分的に他の用途にひらく方法もある。これにより、建物の中にメインの目的とは異なる利用や、余白や遊びの場が生じ、建物をまちやコミュニティと連続的に考えるきっかけになる。設計時にメインの機能を考えることと、利用の幅を広げることを同時に考えるのだ。むしろ、そのことにより、利用者をリサーチし、地域のことを想像し、その建築に集うコミュニティの存在に意識が向く。建築を考えることは、まちを見て、まちを考えることそのものだ。

2）空間から時間へ、つくるから使うへ

　都市も建築もつくることに一生懸命だった時代は、つくると満足し、また次をつくる、という拡大生産が繰り返され、床を次々に生み、関連産業を牽引し、つくり続けるサイクルが定着した。建築をつくることが生産的で、拡大することが都市の豊さだと考えられていたのだ。

　しかし、現代は人口が減り、量より質が問われる時代になった。建築をつくる＝空間の価値を設計することで終わらず、その建築をどのように使うか＝時間の価値を設計することまで求められるようになった[*1]。そのためには、建築設計という専門性にナイーブに閉じずに、建築を使う主体の属性や、建築の建つ地域の状況にまで興味を持ち、空間のスタディと時間のスタディを同時に考えていくことが大切だ。

3）机でできること、まちでできること

　建築は、できあがれば体験できるが、設計時にはモノはなく、まだ体験できない。だから図面を書いたり、模型をつくったり、スケッチをしたりする。最近は、3Dで見ることもできるようになった。ただ、それはすべて机の上の体験に過ぎない。

　建築の設計は、自分がかつて体験したことと、自分の中の妄想がつ

ながり、イメージを掻き立てながら行う。その際に機能するのは視覚情報が9割を占める。ただ、まちに出ると、匂いとか、温度とか、近隣の音とか、光の具合とか、自分がその場の居心地として感じる要因は、視覚以外の要素が思いのほか多い。最初は視覚情報に左右されるが、その場所にとどまっていると、徐々に感覚が研ぎ澄まされていき、その場所を居心地がよいと感じさせる「環境」を認知できるようになる。場所の記憶も環境に宿る。設計は、この視覚情報だけではない、インビジブルなものとも対話していくことが面白い。そうすると設計対象は、建築単体にとどまらず、無限に想像が広がり、環境や記憶にまつわる有機的な全体と捉えられるようになる。

建築家がまちづくりを実践する

　近年、建築に興味を持つ延長で、まちづくりに興味を持つ人が増えてきた。僕が大学を卒業した1999年は、今ほど「まちづくり」という言葉は認知されていなかった[*2]。現在も建築学科に入学する学生のうち、高校時代に「まちづくり」に触れてくる学生は一握りで、多くは建築の設計者になることをイメージして入学してくる。ただ、このわずか10年で、大学でのまちづくりに関する授業は全国的に増え、建築学の一翼を担うようになった。まちづくり専門の学科も生まれ、卒業後の進路にとして志す学生も多い。では、建築設計者がまちづくりの目線を持ち、地域に入っていくときに、どこからアプローチしたらよいか、そのための三つのコツ（視点）を紹介したい。

1) まちを使う主体の小さな動きをつくる

　まちづくりにおいて欠かせないのが、住民との対話、ヒアリング、ワークショップや社会実験などの協働作業だが、建物の設計者は、住民と対話する際にも、ついつい、自分のアイデアを伝えシェアすることに集中してしまいがちである。建築の専門的な知識や経験も豊富なことから、仕方のない面もあるが、伝えられる相手にしてみると、その考えやアイデアを押しつけられている（レールを敷かれる）気分になることもある。これは、もともとあるゴールを承認してもらう合意形成

のプロセスに近い。

　対して、住民の話をよく聞いてみると、たとえ現状に対するクレームやネガティブな発言が9割を占める人でさえも、1割くらいはポジティブな話やこれからの期待など、こちらが考えも及ばなかった視点や想いを話してくれる。この小さな想いを膨らますことが楽しい。主体的な想いは、たとえ小さくても、実際にそこから何かが始まると、誰かが聞きつけてコミュニティの輪が広がり、地に足がついた動きが育つ。主体が増え、何かが始まる自律的な回路をまちが持てるようになると、まちにある余白やパブリックスペースなどは、さまざまな主体の動きを支える舞台となる。そう、まちがいきいきとするには、コミュニティの多様な想いが具現化した小さな動きをいかにたくさんつくれるかである。

2）DIY感覚でまちをカスタマイズする

　都市空間をすでにできあがったものとして捉えるか、これからも手を入れて育てていく＝カスタマイズしていくと捉えるかで、人々の意識やアクションは大きく変わってくる。「都市開発」「都市再生」という言葉が喧伝され、それらは自分たちがやることではなく、デベロッパーがやるものだという意識を人々に植えつけてしまっている側面がある。

　しかし、ヤン・ゲールが著作の中で「自分たちがまちをつくり、そのまちが自分たちをつくる」と述べているように[*3]、身の回りの空間を自分たちの手で良くするように、都市空間、特にパブリックスペースを自分たちの手で良くする感覚を持てるようになると、まちは変わる。

　近年日本ではパブリックスペースの活用を進めるために、都市公園法や道路法が改正され、公園や道路でできることが増えてきているが、制度が変わると同時に、設計者や使い手側が、まちの更新や価値を創造するのは自分たちだという感覚を醸成することが求められる。

3）まちの風景を連続的に捉える

　街路は自動車交通のための空間であるが、沿道の建物に囲まれた空間として周囲の建物と一体的に活用することもできる。道にオープンカフェの客席ができたり、パークレットのように道が休憩スペースに

なったり、子供の遊び場や運動の場になったりする。このように、道を交通の機能に特化するのではなく、利用者である周辺住民の暮らしや活動と地続きの空間だと捉えると、既存の街路と都市の風景は連続的に見えてくる。

　不動産的観点から自分の所有空間をどうするかという目線で考えてしまいがちだが、まちは、自由に表現できる場であり、また同時に多様な個が共存できる場でもある。寛容性（互いの動きをリスペクトする意識）を持ってどう他者と共存できるのか、そこから地域の生活文化をどうエンパワメントするしくみを提案できるかを、既存のまちの風景に重ねて考えていけるとよい。

タクティカル・アーバニズムから始めよう

　「都市を考える」「まちづくりを実践する」という二つの考察に共通する意識は、建築家にとって身近な都市を主体的に捉え、常に良くしていこうという感覚の回復だ。それには、小さくてもよいので、まず実践することが大事で、その意識の醸成に、このタクティカル・アーバニズムという思想や手法は内服薬のように効いてくる。

　すでに僕らは、都市を観る目も、簡易な何かをつくるスキルも、コミュニケーションを楽しむ日常もある。そう、あとはマインドセットだけなのだ。本書を読んで、とりあえずやってみようという感覚が生まれたとしたら、それを大事にしてほしい。まちは誰に対してもひらかれているのだから。

出典
1　山名善之・塚本由晴編著『共感・時間・建築』TOTO出版、2019
2　西村幸夫『まちづくり学：アイディアから実現までのプロセス』朝倉書店、2007
3　ヤン・ゲール『人間の街：公共空間のデザイン』鹿島出版会、2014

西田　司（にしだ・おさむ）
株式会社オンデザインパートナーズ代表／東京理科大学准教授／明治大学特別招聘教授／ソトノバ・パートナー。1976年生まれ。横浜国立大学建築学科卒業。2004年オンデザイン設立。2019年より現職。著書に『建築を、ひらく』『PUBLIC PRODUCE』『楽しい公共空間をつくるレシピ』（共著）など。

03

小さなアクション
を始める

小さなアクションの始め方

山崎嵩拓

世界のアクションと日本のアクション

　筆者は 2017 年からソトノバの活動の一環として始まったタクティカル・アーバニズムラボのメンバーと共に、世界各国の事例集「タクティカル・アーバニズムガイド」の翻訳と、日本の事例収集を通じ、日本らしいタクティカル・アーバニズムとは何かを探ってきた。

　たとえばイタリア版のガイドは 15 事例を四つの視点で整理している。その四つの視点のうち二つは、他国のタクティカル・アーバニズムの事例でもたびたび見られる「身近な低未利用地のパブリックスペースの改変」「街路の利用促進プログラム」である。一方で、他の二つの視点は「自治体政策への反対運動」「コミュニティハブ・プログラム」であり、これはイタリアらしい視点である。この背景には、世界第 2 位の高齢化率、またヨーロッパの中では男女平等ランキングが低いイタリアにおいて、「恵まれない層（子供、高齢者、女性、障がい者）を含めて、市民による都市の再編を促進する」ためにタクティカル・アーバニズムが必要であることを表している。そして実際のアクションには、歴史的施設を改修し、誰に対しても無料で食事を提供する「コミュニティ・ハブ」という取り組みが紹介されている。

　タクティカル・アーバニズムラボでの議論を通じて、日本らしい小さなアクションの特徴を、他国と比較して、「パブリックスペースに対する行政の介入が強い風土」と捉えることにした。他国が紹介する小さなアクションと、日本各地から探し出した実践例では、行政の関与という点に大きな違いが見られた。日本には、行政が主導するタクティ

	活動名称	活動場所	アクションの概要
行政主導の社会実験的アクション	池袋駅東口グリーン大通りオープンカフェ社会実験&GREEN BLVD MARKET	東京都豊島区	道路空間を活用し、オープンカフェの出店などの社会実験を実施
	あそべるとよたプロジェクト	愛知県豊田市	まちなかの公共空間を、市民活動の場として使いこなすためのイベントなどの実施
	水都大阪	大阪府大阪市	水辺空間を活用し、川と人を結びつけるプログラムを同時多発的に開催
個人や団体によるゲリラ的アクション	橋通り COMMON	宮城県石巻市	民有地にコンテナやトレーラーを配置し、起業希望者が挑戦できる場を整備
	HELLO GARDEN	千葉県千葉市	空き地を地域に開き、日常的に活用
	TOKYO MURAL PROJECT	東京都港区	再開発に伴い整備されたシンボルロードの沿道ビルに壁画を制作
	Shibuya Hack Project	東京都渋谷区	つい関わりたくなる家具を街路空間に設置
	北浜テラス	大阪府大阪市	川沿いの店舗に川床を設置
	ねぶくろシネマ	全国	環境を活かした映画の鑑賞方法を提案
	東京ピクニッククラブ	全国	都市の公共空間を社交の場として利用する方法を、ピクニックを通じて提案
公民連携によるエリアマネジメント的アクション	大通すわろうテラス	北海道札幌市	国道の歩道部分を占用し、定期的に出店者が入れ替わるテナント施設を整備
	パークキャラバン @ 横浜駅西口バルナード通り	神奈川県横浜市	公共空間に人工芝と家具を設置することにより、空間利用の実証実験を実施
	御堂筋にぎわい創出社会実験	大阪府大阪市	道路空間を飲食提供ブースやイベント会場として活用する社会実験の実施
	URBAN PICNIC	兵庫県神戸市	仮設の芝生でさまざまなイベントを同時に開催する社会実験の実施
	わかやま水辺プロジェクト	和歌山県和歌山市	水辺において、人が集えるプログラムを同時多発的に実施
	みんなのひろば	愛媛県松山市	低未利用地を、芝生交流スペースに転換する中期間の社会実験を実施
	天神ピクニック	福岡県福岡市	交通規制により歩行者用道路を設け、オープンカフェなどの社会実験を実施

図1　日本の小さなアクションの例

カル・アーバニズムが存在しており、それは、欧米で主流の市民の力による都市空間の変革運動や、前述したイタリアの自治体政策への反対運動などとはまったく異なる取り組みとして捉えるべきである。

　以上を踏まえて、日本における小さなアクションを、以下の3種類に分類して紹介する［図1］。第一に、行政主導の社会実験的アクション。第二に、個人や団体によるゲリラ的アクション。そして第三に、公民連携によるエリアマネジメント的アクションである。

行政主導の社会実験的アクション

　日本のタクティカル・アーバニズムは、必ずしも市民や民間の団体から始まるものではない。行政組織が主導し、他の組織と協力しながら進めているアクションとして、東京・池袋の「GREEN BLVD MARKET」（4章4-7）などが挙げられる。

　一般に小さなアクションは、パブリックスペースの占用手続きが一つの障壁となる。自由な取り組みをしようとすればするほど、その許可を得ることが困難になる。たとえば道路占用の場合、アクションの意義や必要性はあるのか、安全な歩行は可能か、沿道の建物への動線を妨げないか、といった数多くのチェック項目がある。一方で行政が主導する場合、パブリックスペースの占用許可は、比較的簡単である。これは決して、行政が主体だから許可されやすいということではなく、上位の都市計画等との関係から社会実験を行う必要性を説明することに長けていたり、パブリックスペースを占用する経験が豊富だったりすることから、申請時の留意点や許可を得るコツを知っているためである。

　行政組織に特有の事情に対して、タクティカル・アーバニズムの考え方が有効といえる二つの理由を考察する。

　一つは、将来の不確実性が高まる時代において、効果的な取り組みを模索する上での有効性である。どれだけ未来予測が得意な行政組織であっても、近年の人口減少や財政難の状況を踏まえれば、将来構想を描くことは困難であろう。たとえば、人口増加基調であることを前提として設計された都市計画などの諸制度が、人口減少期に対応でき

ていないことに起因する問題などがある。どこで増えるかわからない空閑地、活動の担い手が突然いなくなるなど、同時多発的に問題が発生する状況のなか、遠い将来を見通して大きな投資を行うことはますます困難になっている。しかし、行政組織は、どれだけ将来が不確実であろうとも、より良い都市の未来に向かって取り組みを進めなければならない。このときに、小さなアクション・ファーストで、徐々に修正を加えていくというタクティカル・アーバニズムの考え方は有効といえる。

　もう一つは、取り組みの整合性が求められる行政組織において、実験的に開始することは、その後の長期計画の理由づけとして有効性がある。都市計画は空間的・経済的・政策的など、あらゆる視点から整合性をもって取り組まなければならない。長期的な政策を予め決めるにはエビデンスを提示することが求められる。そこで、小さなアクションの積み重ねが、地域課題の解決に貢献しているかどうかを評価できれば、長期計画に強力な整合性を与えうる。まずはやってみることを奨励するタクティカル・アーバニズムの考え方は、小さなアクションを行政組織として実践することの後押しにつながるだろう。

市民や団体によるゲリラ的アクション

　マイク・ライドンとアンソニー・ガルシアの著書『Tactical Urbanism』でも、複数のゲリラ的アクションが報告されている。従来型の行政による大きな変革のための大きな投資の対極として、市民主体によるゲリラ的アクションが位置づけられる。日本でも、「ねぶくろシネマ」や「東京ピクニッククラブ」（2章2-2）といった活動は、日本らしいゲリラ的アクションの先駆例といえる。

　ゲリラ的アクションの特徴は、何といっても取り組みのユニークさである。ある個人や小さな集団の着想から始まるため、幅広いアクションが見られる。ゲリラ的アクションをスタートするとき、必ずしも地域の課題を解決したいといった狙いがあるとは限らない。自らが楽しいと思うアクションが、いつのまにか波及した例もある。またこうしたアクションは、「LQC」（Lighter, Quicker, Cheaper の略）に該当するもの

が多い。すなわち、気軽で、素早く、安価なアクションである。そして、こうしたアクションの行く末を決めるのは、アクションの周りにいる人々である。ときにはアクションに積極的に参加し、またときにはアクションに興味を示さない人々が、小さなアクションを展開すべきか、または内容を修正すべきかを教えてくれる。

ゲリラ的アクションを、その影響の範囲という観点から整理すると、大きく二つの視点に分けることができる。

一つは、あるエリアの課題を解決するゲリラ的アクションである。これは、地域特有の問題を解決する取り組みである。地域内に存在する空き地・空き家の有効活用、行き止まりとなった道路の活性化、閑散とした駅前商店街の賑わいづくりといったアクションである。その地域に暮らす人々の特徴が表れやすい。

もう一つは、今までになかったパブリックスペースの使い方を示し、新たな日本の文化を提案するゲリラ的アクションである。欧米と比較して日本には、人々が思い思いの時間を楽しむ風景が乏しいと言われることがある。実際に日本には、普通の公園でピクニックしにくい雰囲気、高校生になると遊具を使いにくい雰囲気、中年男性が1人で過ごしにくい雰囲気があると言われる。一方で花見のように、全国各地で観察できる日本らしいパブリックスペースの利用方法がある。つまり、新たなパブリックスペースの文化が定着すれば、人々はよりパブリックスペースを利用するようになるのではないだろうか。

公民連携によるエリアマネジメント的アクション

公民連携によるエリアマネジメント的アクションとして、横浜の「パークキャラバン」や神戸の「URBAN PICNIC」(4章 4-6) などが有名である。近年、日本各地でエリアマネジメントの取り組みが盛んであり、行政と民間団体との連携が加速している。ステークホルダーを徐々に巻き込んでいくエリアマネジメントのプロジェクトにおいて、タクティカル・アーバニズムの考え方に基づく小さなアクションは有効だろう。実際に、プロジェクト開始時は行政や市民が独自に実施する小さなアクションだったものが、大きな変化を志向する過程で、エ

リアマネジメント的アクションに移行していった事例も少なくない。

　エリアマネジメント団体をパブリックスペースの運営との関係で整理すると、その特徴を大きく二つに整理することができる。

　一つは、パブリックスペースの運営者であるエリアマネジメント団体である。この場合、エリアマネジメント団体は、広場空間や公園の一部などを管理・運営する権限を有する。そのため、そのパブリックスペースの管理委託料や、場合によってはイベント使用料や広告料などの固定収入をもとに、エリアの魅力向上に資する活動を比較的安定して実施しやすい。このような体制は、たとえば、行政が新たに広場空間を整備し、その周辺エリアを含む魅力向上を目的としてエリアマネジメント団体が発足した場合などに構築される。小さなアクションとしては、団体自らがイベント等を主催するほか、パブリックスペース活用のルールづくりや、エリアの魅力向上にそぐわない活用の申し出に対しては協議することが重要になる。そして、これらのアクションを推進することそのものが、団体の主たる目的といえる。ただし、団体の発足時からパブリックスペースの運営者として活動を開始できるような、恵まれた状況ばかりとは限らない。その場合、小さなアクションを地道に続けた結果として、パブリックスペースの運営者の立場を獲得する視点が重要である。

　もう一つは、パブリックスペースの活用を促進するエリアマネジメント団体であり、これが公民連携による小さなアクションの一般的なかたちといえる。活用の促進では、道路や公園、水辺などのパブリックスペースを多面的に活用することが中心となる。この取り組みを通じて、エリアの来訪者の増加や、エリア内での滞在時間の増加などの効果が期待できる。また、近年では、既存のパブリックスペースの一部を運営する権限を団体自らが新たに取得するための制度が拡充しつつある。たとえば、団体が都市再生推進法人の指定を受け、道路上にテナント付き施設を整備した、札幌大通まちづくり株式会社の「大通すわろうテラス」などが先駆的な事例として挙げられる。重要なことは、このようなアクションによって、エリアへの訪問者のニーズを発掘したり、新たな出店者の意向を把握できる点である。アクションを適切に評価し、次のアクションにつなげることで、より大きな変化につな

がっていくだろう。

小さなアクションの価値を大きくする方法論

　ここまで、日本らしさを加味して三つのアクションに分類した。そ
れぞれの類型によって、具体的な進め方は異なるだろう。ステークホ
ルダーの種類、各種パブリックスペースの活用ルールなどが進め方に
大きく影響する。

　一方で、この類型を問わず重要な視点がある。それは、小さなアク
ションを適切に評価することである。小さなアクションの大きな価値
は、次のステップに向けて実践からフィードバックが得られることで
ある。そして適切なフィードバックを得るためには、アクションの評
価法を予め設定することが重要である。具体的に言えば、パブリック
スペースの利用を、「量」「質」から評価する視点、「マクロ」「ミクロ」
から評価する視点で整理できる［図2］。これを、その小さなアクション
の目的や長期的変化の方向性に照らし合わせて組み合わせることが望
ましい。

　たとえば、少し広い範囲で来訪者の増加を目的とするアクションで
あれば、「モバイル空間統計」などのウェブサービスを用いて、メッ
シュ単位の来訪者をモニタリングすることができる。また、あるパブ
リックスペースを新たに活用することで、リラックスした時間を過ご
してもらうことが目的であれば、聞き取り調査が有効である。いずれ
の調査でも、小さなアクションを実施する前と後で評価し、それを比
較することが、より説得力のあるデータの提示につながる。

　パブリックスペースを恒常的に活用するためには、地域社会から合
意（イイネ）をもらう必要がある。そのため、タクティカル・アーバニ

	利用の「量」	利用の「質」
「マクロ」な評価	携帯端末の位置情報データ	アンケート調査
「ミクロ」な評価	アクティビティ観察調査	聞き取り調査

図2　パブリックスペースの利用を評価するための四つの方法

ズムの考えを取り入れることで「やってみる敷居を下げる」ことが有効である。社会は不確実で、常に変動する。地域ごとの差もある。そのため、ある小さなアクションが奨励されるのか、黙認されるのか、それとも軌道修正を求められるのか、やってみなければわからない場合も多い。別の時代の他地域では奨励された活動が、現在の別の場所では不満を持たれる可能性も十分にある。それでも、まずは仲間と一緒に構想し、小さなアクションを始めてみることを強くおすすめしたい。「百聞は一見に如かず」だから。

山崎嵩拓（やまざき・たかひろ）

神戸芸術工科大学芸術工学部環境デザイン学科助教／一般社団法人ソトノバ・パートナー。1991年生まれ。北海道大学大学院博士課程修了。博士（工学）。トリノ工科大学客員研究員、東京大学特任助教等を経て、2021年より現職。専門は都市ランドスケープ計画論、都市における人と自然の関わりあい。

小さなアクションの始め方

東京ピクニッククラブ（東京）： まちに参加する創造力を高める

太田浩史

イギリス・ニューカッスル＆ゲーツヘッドで
2008年に開催したピクノポリス（撮影：伊藤香織）

自由と平等とピクニック

　東京ピクニッククラブは、2002 年、イギリスの古本の一文を読んだことから始まった。そこには「1802 年 3 月 15 日、ロンドンでピクニッククラブが結成された」と記されていた。その数年前からピクニックを趣味にしはじめ、道具を集め、歴史を調べていた私は、この記述に驚いた。一つめの理由は、ロンドンのピクニッククラブが現代のピクニックの紛れもない起源であることがわかったから。二つめの理由は、しかしながら、彼らのピクニックは私たちのピクニックとはまったく違うものであったことを知ったからである。

　1802 年のピクニックは、ロンドンの劇場で夜中に行われた［**図1**］。主宰者のヘンリー・グレヴィルはフランスかぶれで、フランス革命の原動力となった演劇の自由化をイギリスに持ち込もうと考えたらしい。当時、イギリスでは演劇は検閲対象だったから、フランスで流行っていた、食事を持ち寄る「ピクニック」形式で、参加者それぞれが演目を披露する社交を企画したのである。結果、グレヴィルはロンドン中の新聞に叩かれる。演劇の自由化などけしからん。女性も騒いで不埒ではないか。そもそもフランス発祥というのが気に入らない、と。

　この炎上がもととなり、「ピクニック」は流行語となった。すぐに歌がつくられ、競走馬の名前にもなった。クラブは 2 年で活動を止め、グレヴィルも破産して亡くなってしまうのだけれど、自由で平等な「ピクニック」の響きが人々の記憶に残る。そして 1810 年代、この言葉

図1　1802 年 3 月 15 日のピクニックを描いた、ジェームズ・ギルレイの「The Pic-Nic Orchestra」（1802 年、メトロポリタン美術館蔵）

が屋外の社交、つまり私たちが知っているピクニックとして蘇る。

　1810年代のイギリスの公園といえば、ハイドパークやリッチモンドヒルなどの王立公園が、部分的に開放されるだけにとどまっていた。1830年代に公園運動が始まり、1848年に初の公共公園がバーケンヘッドにできるまでは、現代のように誰もが入れる公園は存在していなかったのである。ただ、この過渡期に、王立公園に変化があった。ハイドパークで椅子の貸し出しが始まり、リッチモンドヒルで人が地面に座りはじめたのである。1820〜30年代にリッチモンドヒルを好んで題材にしたウィリアム・ターナーの絵を見ると、テムズを見下ろす絶景を前に、人々が草上の食事を楽しみはじめる様子が描かれている。開放されはじめた公共空間が、行楽と社交の場として使われるようなったのだ。その自由な新しい集まりが、グレヴィルが始めた「ピクニック」と呼ばれるようになったのである。

公園を社交の場に

　ピクニッククラブを知ったのがたまたま2002年だったという偶然で、彼らの生誕200周年を記念してつくられた東京ピクニッククラブにとっては、こうした史実は大変重要である。なぜならピクニックとは社交であること、それが公園の誕生とほぼ同時に成立した都市空間の利用法であること、そしてこの愛すべき文化が、1人のフランスかぶれの実験精神から始まったことを、私たちに思い出させてくれるからである。

　そして、言葉は知っているけれど中身を知らない「ピクニック」に魅せられて、東京ピクニッククラブに多くの仲間が集まった。その活動の趣旨は、社交としてのピクニックを現代都市に蘇らせようというものである。それはアクションというよりも、メンバーそれぞれの文化実験のための研究会のような活動だった。

　2002年の発足後、最初に行ったのは東京の公園の調査だった。当時は指定管理者制度が始まる前で、私たちが「公園は社交の場である」などと言うと、「公園の話をするなんて随分と変わってますね」「社交なんて古い言葉使うんですね」と笑われたものである。

　そして都内の公園で一通りピクニックをしてみてわかったのは、公

園運営の貧しさ（午後4時半に閉門していた新宿御苑のような）もあるけれど、何より問題なのは、公園を使うユーザー側の貧しさということだった。たくさんの人で溢れる郊外の公園も、よく見ると人々は家族で楽しんだり寝椅子を持ち込んだりと、住まいの延長として使っているのであって、社交空間として使ってはいなかった。一方で都心の公園を見てみると、アフターファイブや休日には利用されていなくて、誰もが集まりやすい都心の利点は活かされてはいなかった。

　こうした調査を経て、日本には公園を使うという発想自体がないとショックを受けた私たちは、「Think Your Own Picnic!」という標語を生み出して、オリジナルのラグやレシピを開発し、見目良いピクニックの実践法を美術館やイベントで発表した［**図2、p.88写真**］。楽しく洒落たピクニックをアートとして発表し、皆の嫉妬心を掻き立てることが、

ピクニックティー

ピクニックビール

ピクニックバッグ

ピクニックカー

ポータブルローン

Grass On Vaction in 韓国・安養

図2　東京ピクニッククラブが開発したプロダクト、アート

01

ピクニックは社交である。
形式張らない出会いの場と心得るべし。

02

屋外の気候を活かすべきである。
蒸し暑い日には涼風のナイトピクニック、
寒い日には陽だまりのランチピクニック、
適した場所と時間を見つけて楽しむべし。

03

思い立ったが吉日。

04

ピクニックに統一性を求めてはならない。
思い思いに場を共有する緩い集まりである
べきである。

05

ピクニックにホストはない。
全ての人が平等な持ち寄り食事が原則である。

06

ピクニックで労働を課してはならない。
キャンプのような勤勉さとも無縁である。

07

料理は手軽さを旨とする。
しかし、安易であってはならない。

08

煮炊きをしてはならない。
しかし、お茶の湯だけは例外である。

09

道具にこだわりを持つべし。
ピクニックは生活様式の表出である。

10

ラグに上がりこむのでなく、
ラグを囲んで座るべし。
ラグは集まりの象徴であるから。

11

ピクニックに事件は付き物である。
悪天候、池に落ちる、食べ物が鳥にさらわれるな
どのハプニングに遭っても泣いてはいけない。

12

ピクニックには三々五々集散すればよい。
途中で帰る人を引きとめてはいけない。

13

ゴミを残して帰ってはいけない。

14

野営はピクニックには含まれない。
ケンカをしても恋に落ちても、
とりあえず帰路につくべし。

15

雨降りは新たな幸いと捉えるべし。
楽しみのかたちはひとつではない。

図3 ピクニックの心得（イラスト：北村ケンジ）

とても大事なことのような気がしたからである。なかでもピクニックのやり方をイラスト付きで表した「ピクニックの心得」はとても面白がってもらって、6カ国語に翻訳された［**図3**］。この心得をもとに、アルゼンチンでファッションショーが開催されたとも聞いている。

それぞれがそれぞれの方法で

さて、タクティカル・アーバニズムを考える本書において、東京ピクニッククラブの試みはどのような位置づけになるのだろう。私たちは公共空間の運営に不満を持つけれど、問題はむしろ個人の創造力にあると考えて、個人のスキル＝ピクニカビリティの向上を訴えた。「Picnic Right（ピクニック権）」を掲げつつも、かつてのフォークゲリラのように場所の占拠に執心しているわけでもない。公園の美化への期待もあるが、荒れた空き地の「ブラウンフィールド・ピクニック」も、結構面白いと考えている。

振り返れば、東京ピクニッククラブでは変えるべきターゲットはピクニックのみであって、都市空間はそれに従って変わる／変わるかもしれない、という順序であった。お点前と茶道具が視界の中心にあって、茶室はその背景だったと例えればよいだろうか。まちの変化のためにアクションがあるのか、アクションのためにまちの変化があるのか、あまり厳密に考えなくてもよい気もするが、私たちの場合は、ピクニックがあまりにも楽しかったので、ピクノポリス＝ピクニックのためのまちがある、と爽やかに言い切ることができた。東京ピクニッククラブの軽みと可笑しみは、きっとその辺から生まれているのだろう。

ワインとラグを抱えてまちに出れば、誰もが自分の都市に参加できる。その参加の方法を、それぞれが、それぞれの都市で考えていこう。「Think Your Own Picnic!」。そのような呼びかけを、東京ピクニッククラブは続けていきたいと考えている。

太田浩史（おおた・ひろし）

建築家／ピクニシャン。1968年生まれ。東京大学大学院建築学専攻修士課程修了。博士（工学）。東京大学助手、特任研究員、講師を経て、2015年より株式会社ヌープ代表。2002年より伊藤香織と東京ピクニッククラブを共同主宰。作品に「矢吹町第一区自治会館」、共著書に『シビックプライド』など。

アーバンパーマカルチャー（世界各地）：消費者を生産者へ変える暮らしのデザイン

鈴木菜央　　　｜　　　岡澤浩太郎

ポートランドの交差点リペア

パーマカルチャーとは

「パーマカルチャー（Permaculture）」とは、永続的な（Permanent）農法（Agriculture）および暮らしや文化（Culture）を掛け合わせた造語である。1970年代末、環境や生態系へ異変を引き起こすなどの問題点が世界中で指摘されていた工業型農業に対抗する思想と技術の体系として、オーストラリアの生物学者・動物学者のビル・モリソンと教え子で生態学者のデビッド・ホルムグレンによって提唱された。東アジアの循環型有機農法や世界各地の先住民の暮らしなどに大きなヒントを得た彼らは、動植物、建物、水、熱などの資源を有効にデザイン（配置）する膨大な技術をまとめあげたのだ。根本的な倫理として、①地球に対する配慮、②他人や自分に対する配慮、③豊かさを分かちあうことの三つを掲げ、生態系のシステムに学び、伝統的な生活の知恵を土台に、生態系に有益な科学技術を導入することで、持続的な農的暮らしをデザインすることを目標とし、現在では世界中に広まっている［図1］。

図1　パーマカルチャーの概念図

　パーマカルチャーの身近な実践例としては、トマトとバジルなどのコンパニオンプランツ（植物同士の共栄関係）や、畑の両脇に蜜源植物を植えてミツバチを誘引して受粉を促進させたり、軒下でカーテン状にゴーヤを育てることで野菜を収穫しつつ夏場の日差しを遮ったり、藁や土やもみ殻、空き瓶などの廃材を建築材料にしたり、屋根と雨どいを活用してタンクに雨水を溜め生活用水にしたりと、枚挙に暇がない。これらに共通するのは「それぞれが持つ特性によってお互いを活かしあう関係性を構築すること」、より端的に言えば、パーマカルチャーとは「活かしあう関係性のデザイン」だと言えるだろう。

　当初パーマカルチャーは農法を中心に広まったが、現在ではその思想と解釈の多義性も相まって、建築、教育、医療、エネルギー、経済など、さまざまな分野の「デザイン作法」として応用されている。このうち、都市におけるパーマカルチャーの実践を、「アーバンパーマカルチャー（Urban Permaculture）」（以下、UP）と総称している。パーマカルチャーには「身近な資源を有効活用する」という考え方があるが、UPでは人間、近代的構造物、インフラ、情報、文化、廃材、テクノロジーなど、都市に集まるものを資源として用い、都市環境に自然を融合させながら、さまざまな社会問題にアプローチし、ときに行政を動かして、コミュニティ全体が豊かになることを目指しているのが特徴である。

エディブルスクールヤード：アーバンパーマカルチャーで学校を変える

　UPは世界中で実践されているが、なかでも先進的なものとして、アメリカ西海岸の事例をいくつか紹介しよう。一つめは、カリフォルニア州バークレーにある公立学校、マーチン・ルーサー・キングJr.中学校で1995年に始まった「エディブルスクールヤード（Edible School yard）」（食べられる植物を植えた校庭）だ[図2]。このプロジェクトの創設者は、世界的に有名なレストラン「シェ・パニーズ」のシェフでありアクティビストのアリス・ウォータース。彼女は、「新鮮で栄養価が高く豊かな食事は、一部の特権階級ではなくすべての人が有する権利である」という考えのもと、多様な人種の生徒が通うこの学校の駐車場のコンクリートをはがし、1エーカーの畑とニワトリ小屋をつくった。移民

図2 エディブルスクールヤード（出典：The Edible Schoolyard Project のウェブサイト）

の子供たちが近隣の住民とともにそれぞれの出身国の野菜を植え、郷
土料理をつくって、他の生徒たちとともに食べることで、文化の違い
が分断と憎悪を生むのではなく、互いを認め、喜び、祝福する世界を
つくりだす力を学んでいる。

シティリペア：違法行為がコミュニティを豊かにする

　1996 年にポートランドで創設された「シティリペア（City Repair）」は、
市民によるボトムアップ型のまちづくりを実践している。彼らは地域
コミュニティとまちに人が集まる場を生み出す「プレイスメイキング
（Placemaking）」（場の創造）を行っている。

　住民が交差点の路上にペンキでカラフルな絵を描いてコミュニティ
を豊かにする「交差点リペア」は最も有名な活動の一つだ [**p.94 写真**]。
当初は約 100 人の市民を巻き込む違法なゲリラ行為だったが、これに
より周辺の治安や交通の安全性が改善した結果、合法化され、現在で
は北米で数百カ所に広がっている。

　その後、中央分離帯にゲリラガーデンをつくったり、交差点の周辺
に食べられる実のなる樹を植樹したり、誰でも 24 時間お茶が飲める

「ティーステーション」、公道上の小さな図書館「Little Free Library」や子供のための「おもちゃ図書館」、住民同士がシェアできるモノやスキルを可視化した掲示板などを設置したりと、住民と自然の共存を目指す、エコロジカルランドスケープづくりを実践している。

ディグニティビレッジ：元ホームレスによる最先端のエコタウン

　もう一つ、シティリペアのプロジェクトで興味深い事例が、ポートランドのまち外れに位置する「ディグニティビレッジ（Dignity Village）」（尊厳の村）と呼ばれる、元ホームレスたちが立ち上げ、自治を行うコミュニティである[図3]。2004年に始まったこの取り組みには43戸53人（筆者が訪れた2014年8月時点）が暮らしている。

　敷地には近隣大学の学生が設計し、市民とともに建てたオフグリッドの小屋が並び、さまざまなガーデンが点在していて、周辺の住民が都市農業を学びに来る。コモンハウスの暖房は薪ストーブ、共同シャワー小屋の湯は太陽熱と薪で賄う。主な収入源は栽培した苗木の販売である。

図3　ポートランドのディグニティビレッジ

大変興味深いのは、ホームレスという、得てして「社会の邪魔者」視されてしまう人々が主体となって、逆に私たちが憧れてしまうような最先端のエコタウンをつくりあげている点だ。彼らは「助けるべきかわいそうな存在」ではなく、住民とともにまちをデザインし、学びあう主体なのだ。

東京アーバンパーマカルチャー：表参道のコミューン・ガーデン

一方、日本におけるパーマカルチャーの隆盛は 1990 年代後半に遡るが（創始者のビル・モリソンによる著書『パーマカルチャー：農的暮らしの永久デザイン』の日本語版は 1993 年に刊行された）、こと都市部の UP に関しては「共生革命家」として活動するソーヤー海の貢献が大きい。コスタリカのジャングル、アメリカ北西部のオーカス島などでパーマカルチャーを学んだ彼は、2011 年の東日本大震災を機に日本に帰国し、マインドフルネスやギフトエコロジー、非暴力コミュニケーションをパーマカルチャーに取り入れた独自の解釈と実践法を構築して、「東京アーバンパーマカルチャー（TUP）」を立ち上げた。

TUP の活動の一つが東京・表参道の遊休地を活用した、屋台の並ぶ商業空間「COMMUNE（コミューン）」（3章3-4）の一角にあるコワーキングスペースの屋上菜園「COMMUNE GARDEN（コミューン・ガーデン）」だ［**図4**］。コンクリートのビル群に囲まれた都会のど真ん中の菜園で野菜やハーブを育て、シェアオフィスのランチ会で提供し、排出されたゴミはミミズコンポストで堆肥化して土に還し、できた土を畑に供給し、また植物を育て……という循環型のシステムが試行されている。

ガーデンはソーヤー海と手仕事研究家の石田紀佳がファシリテーターとなり、COMMUNE に入居する自由大学とその卒業生らを中心に運営されており、日本における UP のショーケースのような役割を果たしている。

現在、日本における UP は中心と階層を持たないアメーバ状の活動体として、東京にとどまらず神奈川県鎌倉市、愛知県岡崎市、千葉県いすみ市など各地で展開されている（厳密には「アーバン」ではない地域も多

図4 東京アーバンパーマカルチャーが活動する表参道のコミューン・ガーデン

く含まれる）。ソーヤー海自身は千葉県いすみ市に移住し、仲間らとともに築約150年の古民家と1万㎡の土地を借り、日本の風土と文化に即したパーマカルチャーを実践する人材を育成するための「パーマカルチャーと平和道場」を開始。4年間で住み込みの研修生16人を含む、約100人の実践者を輩出している。

菊川西中学校：ESD 教育で中学校と地域をつなぐ

　最後に、子供たちが関わる UP として、静岡県菊川市立菊川西中学校の実践例を紹介しよう。「ESD 教育（Education for Sustainable Development）」（持続可能な開発のための教育）を推進する菊川西中学校は、郷土を大切にする人材を育てるために、地元の農家や、古民家再生や健康や福祉に関わる専門家などを招いた総合学習を展開していたが、数年前にパーマカルチャーをカリキュラムに導入し、Permaclture Design Lab. のメンバーである大村淳が中心となって授業を担当している。大村は日光が当たる場所や水が多い場所など学校の資源を探して、どんなパーマカルチャーのデザインが可能かを生徒同士で考えさせるなど、パーマカ

ルチャーの概念や作法を地域に還元する方法を教えている。

　その結果、生徒たちが自主的に「百姓部」を立ち上げ、教室の前に畑をつくったり、野球場のバックネットにキュウリを這わせたり、陸上のトラック沿いに野菜を植えたりと、積極的に活動する生徒たちが現れた。さらに3年目となった2019年度には、パーマカルチャーのアイデアをもとにローカルビジネスプランを作成・発表。こうした取り組みが注目され、菊川西中学校のESD教育カリキュラムは2019年度文部科学大臣賞を受賞した。

消費者から生産者へ

　なぜ、世界中でUPに取り組む人が増えているのか？　背景には、資本主義経済というシステムが強いる二重の「搾取」があると、筆者は考える。一つは、ゴミや有毒物質の大量廃棄、気候変動、災害の激甚化、廃プラスチックによる海洋汚染といった環境からの搾取。もう一つは、低賃金・長時間労働、うつ病・自殺・ホームレス化など貧困の連鎖を生む、人々からの搾取だ。

　この「活かしあえていない」関係性は、私たちが1円でも安い商品を買い求める「消費者」であり続けることで強化される。このまま資本主義社会が発展を続ければ、最後は全員が「搾取される側」となる恐れさえあることを、私たちは忘れてはならない。パーマカルチャーやUPは、「それぞれが持つ特性によってお互いを活かしあう関係性を構築すること」を通じて、誰もが「生産者」になる世界をつくるための実践方法なのだ。

鈴木菜央（すずき・なお）

greenz.jp編集長／NPOグリーンズ代表。1976年生まれ。「月刊ソトコト」の編集を経て、2006年にウェブマガジン「greenz.jp」を創刊。千葉県いすみ市でパーマカルチャーと平和道場、いすみローカル起業プロジェクトなどを立ち上げる。著書に『「ほしい未来」は自分の手でつくる』など。

岡澤浩太郎（おかざわ・こうたろう）

編集者／八燿堂主宰。1977年生まれ。「スタジオ・ボイス」編集部などを経て2009年よりフリー。2019年東京から長野に移住。ブックレーベル・八燿堂を立ち上げ、少部数・直接取引の形態で、文化的・環境的・地域経済的に持続可能な出版活動を続ける。

COMMUNE（東京）：
都市の余白の使い方を
アップデートし続ける

松井明洋

最小限の経済的投資と最大限の文化的投資

　都市における「余白」の意味性の探究は我々の活動の一つの大きなテーマで、それを具現化したプロジェクトの一つが「246 COMMON」から始まるシリーズである。もともとは、当時弊社代表であった黒崎輝男が世界中を旅するなかで触れてきた、フードカートなどのコンテンツが集合した場、そこに人が集い、コミュニティが生まれるという事例から抽出した要素を、東京・表参道で日本の文脈に翻訳した上で適用させたものである。

　今から遡ること9年前。地下鉄表参道駅から徒歩2分、日本で最も有名なショッピングディストリクトの一つと言える表参道にぽっかりと空いたポケットのような敷地面積約820㎡のスペース。この場所を最小限の経済的投資と最大限の文化的投資をもって変換させたプロジェクトが「246COMMON」である。その後、3回のマイナーチェンジを繰り返し、現在も「COMMUNE」として営業をしている。まずその歴史を振り返りたい。

9年間アップデートし続けるコミュニティ

1) 246 COMMON Food Carts & Farmer's Market（2012年8月〜）

　246 COMMON は、トータル22店舗でスタートした。22店舗のうち飲食が15店、物販が7店という構成 [**p.102 写真、図1**]。基本的には飲食を楽しむスペースとしての機能を中心としていた。飲食店舗はたこ焼きからラーメン、コーヒースタンドにジビエ料理と多岐にわたった。また、物販店舗もパン、塩、鞄や靴、メガネに至るまでバラエティ豊かな顔ぶれが揃った。

2) COMMUNE 246（2014年8月〜）

　246 COMMON を内容、デザインともに大幅にアップデートした。ベースの考え方は前身である246 COMMON と同様、コミュニティのハブをつくることに置きつつも、中央部にエアドームを設置し、そ

図1　246COMMON

図2　COMMUNE 246 のコワーキングスペース、みどり荘

の下に客席が集中するようなレイアウト構成となった。エアドーム内にはステージも設置され、よりイベント性の強いコンテンツの実施も可能となった。コワーキングスペース「みどり荘」が中目黒に続く2拠点目として敷地内に完成し [**図2**]、「大きく学び、自由に生きる」をテーマにした社会人学校「自由大学」も池尻から移転してきた。飲食13店、物販2店、みどり荘、自由大学、宿泊施設 CARAVAN TOKYO、計18の店舗等で構成され、「飲食」＋「働く」＋「学ぶ」と、より複合的な要素を持つスペースへと進化を遂げた。

3）COMMUNE 2nd（2017年1月〜）

　COMMUNE 246 をマイナーチェンジし、主にソフト面の改善を行った。飲食15店、みどり荘と自由大学、そして CARAVAN TOKYO を加えた18の異なる小商いの施設で構成されたスペースでは、従来の「飲食」「働き」「学び」といった要素に加えて、ゴミの削減やグリーンエネルギーについてのワークショップを行うなど、循環型社会において我々ができることから始めようという思想のもと、さまざまなコンテンツが加えられた。

4）COMMUNE（2019年11月〜）

　COMMUNE 246 からの大きな変更点は二つ。一つめは、国道246側入口付近エリアを FARMERS MARKET ZONE とし、野菜等を常設で販売するスペースをとった。近隣にスーパーマーケットや八百屋が少ないこのエリアにおけるライフラインとしてのマーケットの機能を追加した。具体的なレイアウト構成としては、FARMERS MARKET ZONE（4出店者）、FOOD CART ZONE（8店舗）、FREEDOM UNIVERSITY ZONE（自由大学＋3店舗）、MIDORI.SO ZONE（みどり荘＋1店舗）という四つにゾーニングをした [**図3**]。そして変更点の2点めは、アルコール類の提供を取りやめたことだ。今まで夜のイメージが強かったこの場所が、営業時間の短縮もされて、日中にヘルシーに楽しめる場所への転換を試みた。

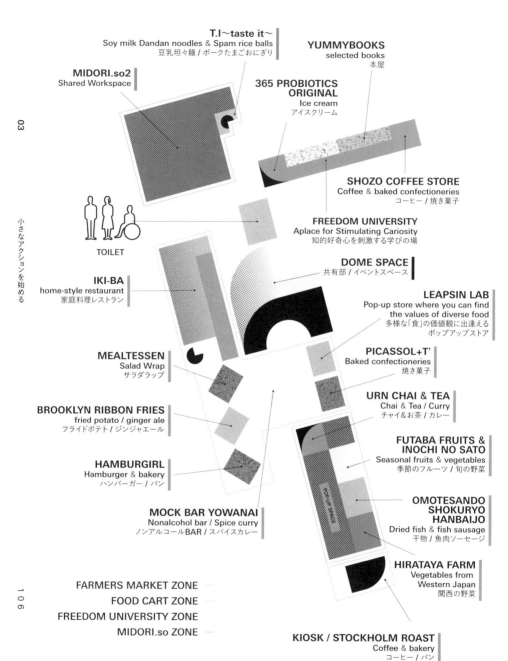

T.I〜taste it〜
Soy milk Dandan noodles & Spam rice balls
豆乳坦々麺 / ポークたまごおにぎり

YUMMYBOOKS
selected books
本屋

MIDORI.so2
Shared Workspace

365 PROBIOTICS ORIGINAL
Ice cream
アイスクリーム

SHOZO COFFEE STORE
Coffee & baked confectioneries
コーヒー / 焼き菓子

FREEDOM UNIVERSITY
Aplace for Stimulating Cariosity
知的好奇心を刺激する学びの場

TOILET

DOME SPACE
共有部 / イベントスペース

IKI-BA
home-style restaurant
家庭料理レストラン

LEAPSIN LAB
Pop-up store where you can find
the values of diverse food
多様な「食」の価値観に出逢える
ポップアップストア

MEALTESSEN
Salad Wrap
サラダラップ

PICASSOL+T'
Baked confectioneries
焼き菓子

URN CHAI & TEA
Chai & Tea / Curry
チャイ&お茶 / カレー

BROOKLYN RIBBON FRIES
fried potato / ginger ale
フライドポテト / ジンジャエール

FUTABA FRUITS & INOCHI NO SATO
Seasonal fruits & vegetables
季節のフルーツ / 旬の野菜

HAMBURGIRL
Hamburger & bakery
ハンバーガー / パン

POP-UP SPACE

OMOTESANDO SHOKURYO HANBAIJO
Dried fish & fish sausage
干物 / 魚肉ソーセージ

MOCK BAR YOWANAI
Nonalcohol bar / Spice curry
ノンアルコールBAR / スパイスカレー

HIRATAYA FARM
Vegetables from
Western Japan
関西の野菜

FARMERS MARKET ZONE ─
FOOD CART ZONE ─
FREEDOM UNIVERSITY ZONE ─
MIDORI.so ZONE ─

KIOSK / STOCKHOLM ROAST
Coffee & bakery
コーヒー / パン

COMMUNE MAP
OPEN 9:30 ~ 20:00

図3 COMMUNE の配置図（2019 年当時）

仮定→実験→検証を経て進化する場づくり

　フードカートの集合をベースとしたコミュニティハブ・スペースという考え方を前提にしたこの場所は、冒頭にも述べたが、都市における余白のあり方を模索するための一つの社会実験であったと言える。これまで3回の改変を行ってきたが、毎回、ネーミングとコンセプト、そして内容が少しずつ変化し、前身のプロジェクトで学んだ課題を改善していく。社会のニーズを敏感に読みとり、進化させてきた。

　たとえば、246 COMMON では、フードカートが集い、「飲食」の要素が強く、盛り上がるものの、人々の滞留する時間帯が1日のうちでランチ時と夕方以降と限定的であった。また、来場する客層も飲食を目的としている人たちがほとんどで、物販店舗は苦戦する状況であった。そこで「飲食」に偏っていた場所をより多元的かつ立体的にしていくために、「飲食」というベースを担保した上で、「働く」という要素と「学ぶ」という異なる要素を追加し、COMMUNE 246 へと大きくアップデートした。結果、来場者層が多様化し、来場時間帯も早まる、という変化が見られた。異なる複数の要素を一つの場所にどう親和性を担保した上で散りばめていくのか、という点を我々は場所づくりにおいて特に重視している。

　都市における余白のあり方について仮定を立て、実験、検証するという行為が可視化されているのがこの COMMUNE という場所である。これからも社会のニーズと対話をし続けながら進化をしていくであろう。

松井明洋（まつい・あきひろ）
メディアサーフコミュニケーションズ株式会社代表取締役社長。青山学院大学卒業後、メディアサーフコミュニケーションズに参加。「COMMUNE」「K5」「Omnipollos Tokyo」「SR」などに携わる。

PUBLIC LIFE KASHIWA（柏）： 仮設の公共空間を まちの居場所にする

安藤哲也

キットを配置すると解体工事現場も
都市のリビングに変身

民間発意による将来ビジョンの策定

　柏アーバンデザインセンター（以下、UDC2）は千葉県柏市の柏駅周辺の課題を解決することを目的とした、「公・民・学」連携によるまちづくりの拠点である。2015年4月に任意団体として設立され、2016年11月に一般社団法人となった。柏駅周辺のステークホルダーが80名程度会員として参加している点が特徴であり強みである。

　2016年9月、そごう柏店の閉店というショッキングな出来事が起きた。そごう柏店は柏駅東口の顔であり、発展の象徴でもある。商業都市としての限界が徐々に可視化され、早急に柏駅周辺のビジョンを検討する必要があった。そこでつくられたのが、柏駅周辺の20年後の将来ビジョンである「柏セントラルグランドデザイン―柏駅周辺基本構想」（以下、グランドデザイン）である。2018年7月に策定されたこのビジョンを多くの主体で共有・連携し、一体感とスピード感を持って実現を目指す。それがUDC2のミッションである。

仮設のパブリックスペースをつくる実験「PUBLIC LIFE KASHIWA」

1）パブリックスペースキットの開発

　グランドデザインでは、四つのテーマと15の戦略が定められ、テーマの一つに「居心地の良い街にして豊かなシーンを増やす」を、戦略として「パブリックスペース（の設置・活用）」「サードプレイスづくり」を掲げている。現状、柏駅周辺には公園が存在せず、子育て世代・若者世代・シニア世代など幅広い年代の居場所不足が課題となっているため、まずはパブリックスペースについての取り組みからスタートした。

　2018年10〜11月に開催した社会実験「PUBLIC LIFE KASHIWA（パブリックライフカシワ）」は、まちの五つの敷地に仮設のパブリックスペースを設置し、空間体験の演出、担い手の育成、常設に向けた課題の共有などを目的として実施した［**図1**］。

　なお、社会実験では建築家と組んだ市民ワークショップの中で「パ

小さなアクションを始める

図1　柏駅周辺の5カ所で実施した社会実験 PUBLIC LIFE KASHIWA

ブリックスペースキット」（以下、キット）というオリジナルツールを開発している。キットは車輪の付いているソファや小屋などで、空地に設置すれば即座にその空間がパブリックスペースとして機能するという、可変性と汎用性を持ったツールである［**p.108 写真**］。将来的にUDC2 の会員と連携し、スポンジ化していく中心市街地におけるさまざまな取り組みで活用することを視野に入れて開発した。

2）本設を見据えた社会実験

5 カ所の社会実験の一つ、「さいわいリビング」では、新築マンションの事業者とグランドデザインに基づくデザイン協議を重ねるうちに、マンションの空地をパブリックに開く可能性を検証することになった。期間中は、解体工事用の仮囲いの一部を 3m 程度セットバックし、そこにキットを設置し、24 時間スタッフを置かずに開放した［**p.108 写真**］。安全面から不安もあったが、本設後は 24 時間開放することになるため、あえてこの条件で実施した。

3 週間の実験期間中に少しずつ利用者が定着していった。午前中は近隣の保育園の園児の遊び場として利用され、平日の夕方〜夜は学生が、土日は近隣のマンションの若い子育て世代が多く利用していたが、一度も荒らされることはなかった。この結果を踏まえてキットの要素がマンション外構部の設計に反映されている。

同様に 4 カ所でそれぞれ社会実験を全体で約 1.5 カ月間実施したが、一つのクレーム・事故もなく終えることができた。突然パブリックスペースが出現したことに市民も来街者も最初は戸惑っていたものの、終盤では見事に空間を使いこなしており、同様の取り組みを継続してほしいという意見が圧倒的多数だった。

実験からの気づきを連鎖させる

「さいわいリビング」の実験で保育園の園児たちが頻繁に利用したことから、園児たちの居場所不足を発見することができた。そこで、PUBLIC LIFE KASHIWA にて駐車場を広場にするという実験に協力いただいたオーナーに、園庭のない保育園のために駐車場を遊び場に

図2 駐車場が子供たちの遊び場に変身

させてもらえないかと相談したところ、趣旨に賛同いただき UDC2
が無償で借用することができた。その駐車場に子供たちが楽しく遊べ
る「子どもパブリックスペースキット」（以下、子どもキット）を設置し、
複数の保育園がシフトを決め順番に貸し切りで利用している［**図2**］。

　「子どもサンカク広場」と命名したこの実験は、民間の力を借りる
ことで子供たちが安全に遊べる場所を中心市街地に設けた事例であ
る。なお、子どもキットはキットと同じ建築家に依頼し、保育園の先
生方とのワークショップで出された、子供特有のスケール感や年齢に
よる行動の違いなどの意見を踏まえて制作している。

　PUBLIC LIFE KASHIWA から派生した実験は他にもある。駅前の
ペデストリアンデッキのポテンシャルの高さを活かし、ユニットハウ
スを仮設建築物として設置した「カシワテラス」と、不動産オーナー
が建物を解体後、新築するまでの期間、暫定的な広場にした「KIDIYS
PARK」という二つの仮設のパブリックスペースが生まれた。

行動変化を戦略的に仕掛ける

　グランドデザイン検討時の最重要ミッションは「絵に描いた餅にしないこと」であり、「実現」にこだわる必要があった。そこでグランドデザインでは、ソフト活動を含めて短中期的な取り組みを「アクション」、再開発に代表されるような長期的な取り組みを「プロジェクト」と呼称し、これらを両輪で動かすサイクルを構築することを掲げた［**図3**］。「まず動く」ことが、ビジョンの実現の一部として掲げられているため、さまざまな動きがスピード感を持って実施できるのだ。

　理解と納得はフェーズが違う。社会実験は理解から納得に認識のフェーズを押し上げることができ、そこに価値がある。誰に、どのような行動変化をもたらしたいのかを戦略的に仕掛けることができれば、小さなアクションが大きな一歩になるだろう。

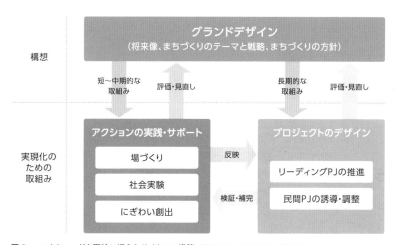

図3　ソフトとハードを両輪に据えたサイクルの構築（出典：柏セントラルグランドデザイン）

安藤哲也 （あんどう・てつや）

一般社団法人柏アーバンデザインセンター（UDC2）副センター長。1982年生まれ。明治大学理工学部建築学科卒業。同大学院修了。不動産会社、株式会社首都圏総合計画研究所を経て独立。2015年NPO団体わくラボ設立、同年コミュニティデザインラボ machi-ku を設立し代表を務める。2017年より現職。

みんなのひろば（松山）：
まちに日常の賑わいをもたらす拠点

尾﨑 信

みんなのひろば全景（提供：UDCM）

　「みんなのひろば」は、愛媛県松山市のまちなかに約4年間存在した広場である。この広場は、松山市による社会実験の一環として設置され、その目的である「中心市街地の賑わい再生や住環境改善への効果を検証する」ことが果たされたため、その役を終え、現在はもうない。この広場の管理運営の実働部分を担っていた[*1]松山アーバンデザインセンター（以下、UDCM）[*2]に在籍していた立場から、社会実験としての広場について紹介したい。

みんなのひろばの設立経緯

　松山市は人口約50万人を擁する四国最大の中核市である。他の地方都市と同様、近年は中心市街地の空洞化が進行し、市内最大のアーケード商店街である大街道・銀天街においても歩行者数や売上げが減少していた。このような背景の下、松山市は中心市街地の再生策を市民とともに考えるワークショップを開催し、まちなかに緑と憩いをもたらす広場空間を設けることに可能性を見出した。市民との対話の場を継続的に持ちながら、銀天街裏手のコインパーキングを借り上げ、「みんなのひろば」として整備することを決定した。なお、広場に対面する民間ビルも借り上げ、1階を屋内交流スペース「もぶるテラス」としてリノベーションを行った。これら二つの空間は2014年11月1日にオープンを迎えた。

　みんなのひろばは、間口と奥行きがそれぞれ20m程度で面積約370㎡の広場であり、芝生の築山、土管、井戸とミニ噴水、多くのベンチなどを備える[p.114写真]。これらは多様な市民に使ってもらえるように意図したフックであり、果たして2019年1月のクローズまでに推計で延べ22.8万人（月平均約4900人）の利用者があり、その年代も幼児から高齢者まで多岐にわたった。

　広場は常時開放されていたが、占用してイベントを行うことも可能とし、もぶるテラスに常駐するスタッフは市民からの申請窓口を務めるとともに、自らイベントを企画実施していた。広場で行われたイベントは、平均して月に2件程度である。一方、屋根のあるもぶるテラスでは、小規模なイベントやグループ活動の会場として好まれ、平均

して月に 18 件程度の占用利用があった。屋外と屋内、それぞれを利用者が使いわけていたように思われる。

近隣と連携した広場の活用が好循環を生んだ

中心市街地の賑わい再生の試金石として期待されていたこともあり、広場の管理運営において、イベント開催をはじめとする活用の側面は特に重視された。

この管理運営の方針を議論する会議体である「社会実験専門部会」には、公・民・学の関係団体および専門家・実践者が委員として参画した。またその下部組織で、より具体的に近隣事情などを加味してイベントの実施可否等を判断する「社会実験運営委員会」は、松山市と近隣関係組織および管理運営者でつくられた。管理運営の議論では、広場をより挑戦的に使っていくことを求める意見と、それらが近隣住民・店舗の迷惑とならないよう配慮する意見が出され、公・民・学さまざまな立場を含めた運営体制は、アクセルとブレーキの双方を備えていたと言える [図1]。

広場では、飲み物や軽食を持参してくつろぐ市民の姿が日常的に見られた。そこで、イベント時に広場でコーヒーを販売してはどうか、

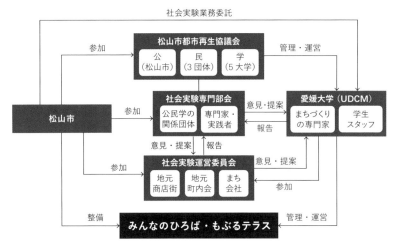

図1 みんなのひろばの運営体制（出典：松山市資料をもとに筆者作成）

図2 商店街の夜市との連携企画では、隣接ビルの壁面を使った映画上映や飲食物の販売なども行われた
（提供：UDCM）

というアイデアが出される。すると、広場での飲食物の販売は近隣商店と競合するのでやめるべきだという反対が出る。しかしこの状態を止揚できるのも公民学連携体制ならではだ。商店街に屋台が立ち並ぶ夜市と同時開催するイベントを広場で企画し、飲食物の販売や、県内の6次産品を集めるマルシェを商店街も巻き込んで開催するなど、商店街との連携に出口を見つけた ［**図2**］。

　こうした連携事例が積み重なると、徐々に「広場を使いたい」という店主・市民が増え、好循環が回りだす。現場では、実践の積み重ねこそがものを言う。

データに基づき広場の効果を検証する

　一方で、現場関係者以外と成果を共有するためには、データによる説明が欠かせない。都市政策としては、広場自体の成果だけでなく、広場が周辺エリアへもたらした効果を示すことが重要である。また、アンケートなどで得られる主観的な評価は、関心の所在やその理由を知るためには有効であるが、一方で利用者数や通行量などの客観的事実も求められる。これら二つの観点を軸とした4象限のバランスに配

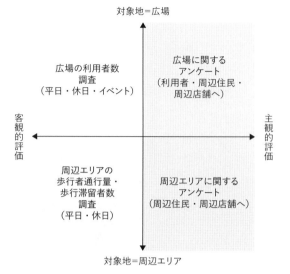

図3　対象地を縦軸に、評価の主観／客観を横軸にとった効果検証のバランス

慮したデータ採取を行った [図3]。

　みんなのひろばがまちにもたらした変化を二つ紹介したい。

　一つめは、周辺エリアの人通りが変わったということ。広場前面道路の歩行者通行量は増加傾向を示し、周辺道路の人通り（道路上で歩いたり立ち止まったりしている人の数）は広場整備前と比べて約3.5倍に増加した。広場の周りに人が集まってくるようになった。

　二つめは、人々の広場への評価を変えたということである。周辺住民からの評価は上昇し、9割近くが肯定的なものとなった。また、「元のコインパーキングの方がよかった」「店舗に直接効果がない」など辛口な意見も少なくなかった近隣商業者から否定的意見がほとんど出なくなった。まちなか広場文化のない松山で、人々が広場の価値を認めるようになった。

　我々は、広場閉鎖後もデータを取り続けた。前面道路の歩行者減は予想通りだったが、かつての広場利用者の約半数が、広場の代わりになる場所を見つけられないでいたことは意外だった。単に商業的賑わいを求めていたのであれば、商業施設へ居場所を見つけるのだろうが、

そうではないということだ。このことは、短期的な賑わいを生み出す
イベントのような「ハレ」がすべてではなく、むしろ「ケ」、つまり
日常の重要性を示唆している。何をするでもなくベンチに腰掛けてい
る人、暗くなるまで友人と談笑する若者たち。そういった、商業的な
賑わいを求めているわけではない人々をも受けとめる「都市の余白」
としての広場が、結果として賑わいを再生したのだ。

参考文献
・松山市「湊町三丁目「みんなのひろば」と「もぶるテラス」の効果検証」2020.3

注
1 松山市から発注される社会実験業務の受託者が広場の管理運営を行っていた。オープンから2016年3月までは復建調査設計・まちづくり松山共同事業体が受託。2016年4月からクローズまでは愛媛大学が受託。愛媛大学の実働メンバーは松山アーバンデザインセンター所属である。
2 松山アーバンデザインセンターは公・民・学連携のまちづくり組織で、2014年2月に設立された松山市都市再生協議会を親組織とし、2014年4月に発足した。もぶるテラスおよび上階にあったオフィスには、愛媛大学教員・研究員の専門スタッフ4名と受付スタッフが常勤し、ハード・ソフト両面から総合的なまちづくりに取り組んでいる。

尾﨑 信 （おさき・しん）

東京大学大学院新領域創成科学研究科・特任研究員。1978年生まれ。東京大学大学院工学系研究科修士課程修了。博士（工学）。アトリエ七四、東京大学景観研究室助教、松山アーバンデザインセンター・ディレクターを経て、2020年より現職。主なプロジェクトに「移動する建築」（愛媛県松山市）。

定禅寺通（仙台）：
ストリート活用から
都心の回遊性の創出へ

榊原　進

定禅寺ストリートアライアンスが社会実験「定禅寺通ストリートパーク'19」
で設置したパークレット（提供：L・P・Darchitect office）

公民連携で進める定禅寺通エリアのまちづくり

　定禅寺通は、幅員 46m に 4 列のケヤキ並木が美しい杜の都・仙台の
シンボルロードである。周辺には、主要な公園や文化施設、官公庁や
オフィスが集積し、中心商店街や歓楽街に近接した、仙台都心の重要
なエリアの一つとなっている［**図1**］。

　定禅寺通エリアのまちづくりは、1987 年設立の「定禅寺通り街づく
り協議会」（以下、協議会）に端を発する。沿道の地権者有志や町内会、
商店会などが参画し、ケヤキ並木と調和する良質な街並みづくりや、
定禅寺通を舞台にしたイベントを企画運営してきた。長年のまちづく
りを通じて、光のページェントやストリートジャズフェスティバルは
多くの観光客が訪れる仙台を代表するイベントに成長した。また、市
はシンボルロード整備事業を経て、2002 年に中央緑道について道路法

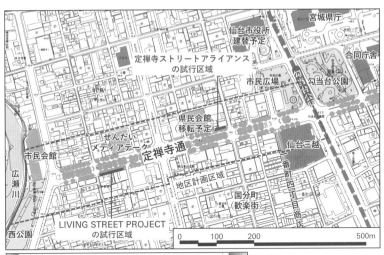

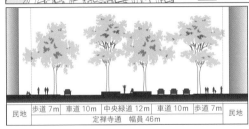

定禅寺通の断面構成

図1　定禅寺通エリアの主要施設とストリートの断面構成

定禅寺通活性化検討会

会員
(138名／2021年3月末現在)

①正会員(60名)
各商店会や町内会の代表者、まちづくり団体、定禅寺通に面する土地建物にかかる所有権及び地上権の保有者で、本会の趣旨に賛同する個人または法人・団体

②準会員(64名)
本会の趣旨に賛同し、活動に積極的に取り組む個人または法人・団体

③オブザーバー(14名)
本会の取り組みに関し調整を必要とする行政機関及び団体(施設管理者、イベント主催者、警察、バス協会、タクシー協会等)

基本構想検討チーム — 提案 → **全体会** ← 重要事項 の付議
検討・実践 の共有 → **幹事会** ← 設置｜提案・報告
ワーキンググループ

<事務局>
仙台商工会議所
仙台市 定禅寺通活性化室

業務委託

コーディネーター

伴走型支援

テーマ型
(ディスカッション中心)
・道路空間の再構成
・ケヤキ並木でつながる緑空間
・魅力向上と高収益化が両立した不動産
・都心回遊性を高める公共交通
・魅力的な夜の景観

反映

プロジェクト型
(実践的検証中心)
LIVING STREET PROJECT
定禅寺ストリートアライアンス
イナトラほろ酔い縁日
空間活用チャレンジプロジェクト
エリアブランディングプロジェクト

図2 定禅寺通活性化検討会の連携体制

に基づく道路区域を変更(除外)し、都市公園法に基づく手続きで利用できるようにしたり、警察もジャズフェス開催の2日間は通りの一部を歩行者天国化することを許可(2003年～)するなど、市民主体の取り組みを支えてきた。

　近年、仙台駅周辺では、東西自由通路の整備や大規模商業施設等の建設が進み、人の流れや賑わいの一極化が課題となってきた。そこで市は、定禅寺通エリアが持つポテンシャルを活かして、多様な主体の活動が生まれ、訪れ、滞在したくなる環境をつくることで、周辺への波及効果により都心の回遊性向上を目指し、「定禅寺通活性化検討会」(以下、検討会)を2018年10月に設立した[図2]。検討会は地権者や協議会などの関係組織で構成し、検討会の運営方針等を協議する幹事会は、これまでのまちづくりを次世代につないでいくことを意図した構成になっている。なお、市と商工会議所が事務局を務め、筆者は市の委託を受けたコーディネーターとして携わっている。

　本稿では、定禅寺通の活用を中心としたアクションを積み重ね、段階を経ながら日常化を目指す、検討会の取り組みを紹介したい。

Step1：沿道オーナーとテナントが取り組む歩道空間活用の社会実験

　検討会では、設立初年度、不動産や空間活用の専門家によるレクチャーを受けた上でグループワークや意見交換を行い、定禅寺通エリアに対する現状認識やまちづくりの方向性、今後の検討の枠組みなどを整理した。イベントで訪れるエリアから、日常的に訪れたい／商売したいエリアとして選ばれるため、ケヤキ並木を中心とした豊かな公共空間を効果的に活用していく方向性が共有された。特に、歩行者の安全性の向上と多彩な目的で活用できる街路づくりが検討項目の一つに位置づけられ、道路空間の活用について、プロジェクト型ワーキンググループ（WG）により実践的に検証することとした。WG は、公共空間活用の具体的なアイデアを持つ会員でグループを結成し、コーディネーターの伴走支援を受けながら試行するもので、2019 年度に二つのグループが始動した。

　グループの一つは、西エリアの「LIVING STREET PROJECT」（LSP）。沿道不動産オーナーとその建物を含む 5 棟の 1 階で営業する洋菓子店や飲食店、弁当屋などのテナントが中心メンバーとなり、地域住民等の日常的なコミュニケーションの場づくりを目的に、歩道空間にテーブルと椅子を設置する社会実験である［図3］。実施にあたっては、検討会事務局が道路使用許可等の手続きを行い、LSP メンバーは市から借

図3　LIVING STREET PROJECT が取り組む歩道空間の活用（提供：仙台市）

り受けたテーブルと椅子のセットを六つ、それぞれの店舗前のツリーサークル間に毎朝設置し、夜間や悪天候時に撤去するなど管理を担う。

2019 年度は 3 期実施し（6/4 ～ 6/17、7/22 ～ 9/5、9/30 ～ 12/5）、利用者アンケートを通じ時間帯や季節による利用実態やニーズ等を調査しながら、日常化へ向けた課題について定期的に話し合った。アンケート結果を見ると、店舗を利用した飲食にとどまらず、散歩途中の休憩や会話、読書、待ち合わせなどさまざまな過ごし方をし、30 分以上滞在する人が多かった。継続を望む声が多数を占めた一方で、車両への注意喚起のためのカラーコーンや案内看板が雰囲気に合わない、自転車に危険を感じるなどの意見も寄せられた。運営面では、マニュアル作成、メンバー追加、メニューマップの作成、家庭ゴミ置場の移設など、日常化に向け改善を重ねている。

東エリアでは、歓楽街の国分町通<ruby>国分町<rt>こくぶんちょう</rt></ruby>との交差点角にあるテナントビルのオーナー会社が中心となり「定禅寺ストリートアライアンス」（JSA）が結成された。歩道を活用した 1 階テナントの外部化により収益を確保し、その一部をまちづくりに還元するしくみづくりを目指す。

まずは、隣接するビルオーナーやテナントの参加意欲を引き出すためデモンストレーションを実施(7/27、28)した。ツリーサークル間にテーブルとソファーを設置し、パラソルとパーティションでプライベート感のある空間を生み出した。狙いは的中し、テナントから取り組みを応援したいと、店舗案内看板の設置や割引チケット付きチラシ配布などのアイデアも寄せられるなど、メンバー拡大の足掛かりとなった。

Step2：一部車線規制を伴う短期の社会実験

次のステップでは、車道の一部を活用する社会実験「定禅寺通ストリートパーク '19」を 3 日間（10/18 ～ 10/20）実施した。二つの WG 活動区域を対象に、市が歩道側 1 車線の交通規制を行い、拡幅された歩行者空間の活用を試した。LSP では、テーブルと椅子を歩道や沿道の公開空地に増設し、定禅寺通に面していない店舗にブース出店を要請するなどコンテンツを拡充した。JSA では、車道の一部に仙台初となるパークレットを設置するなどデザイン性が高く座りたくなる仕掛け

に挑戦した［**p.120 写真**］。

　同時期に中央緑道でマルシェが開催され、多くの人で賑わい、多様なアクティビティの可能性を感じることができた。また、エリア内にとどまらず都心の回遊も確認された。一方で、空間活用を持続させるためには収支面での課題が浮き彫りになった。

Step3：長期間の交通規制を伴う大規模社会実験へ

　2020年度に五つとなったWGは、コロナ禍でも小さなアクションを続けている。今後は、将来の道路空間の再構成を見据えた大規模社会実験として、車線減少を伴う交通規制を数週間実施する方向で関係機関と協議を進めている。実現すれば、規制する区域と期間が拡大するため多様な空間活用が可能となる一方で、エリアブランディングを意識したコンテンツの質や戦略的な情報発信が肝要となる。さらに、定禅寺通につながる界隈や裏通りなどエリア全体への波及を促すことも求められる。

持続的なエリアマネジメントに向けて

　検討会では、最終的に、定禅寺通エリアのビジョンとその実現に向けたアクションやしくみを盛り込んだまちづくり基本構想を取りまとめる。この検討にあたっては、社会実験で蓄積するノウハウや成果、課題などを反映していくことになる。また、道路空間の再構成の検討と合わせ、近い将来に予定される市役所の建て替えや県民会館の移転などの公共投資と、それらとの相乗効果を高める民間投資を促す必要がある。そこで生み出される公共空間と多様なアクティビティをエリアの価値向上につなげつつ、収益源にする持続的なエリアマネジメントが期待される。

榊原 進（さかきばら・すすむ）

特定非営利活動法人都市デザインワークス代表理事／一般社団法人荒井タウンマネジメント理事・事務局長。1974年生まれ。東北大学大学院工学研究科都市・建築学専攻博士課程前期修了。2002年都市デザインワークス設立。市民主体のまちづくりを支援・実践する。

MIZUBE COMMON（和歌山）：
水辺の使いこなしから
エリアのリノベーションへ

岩本唯史

わかやま水辺プロジェクトのボートクルーズ体験

中心市街地が抱える課題と水辺活用の機運

　和歌山市は人口35.5万人の近畿の中核市で、紀ノ川の河口に位置し、古来南海道の要衝の地であり、紀伊半島の経済の中心地であった。しかし近年、大阪へのストロー効果と周辺部へのスプロール化が進んだことで、空き物件が目立ち、中心市街地の空洞化が課題となってきた。

　和歌山市では、2014年よりまちなかの空き家をリノベーションまちづくりの手法で再生させる取り組みを進めており、空き物件を活用した事業が生まれている。またその取り組みを応援する人的関係資本の構築も進んでおり、若手の事業者やまちづくりに関心のある市民を中心とした担い手も育っている。「低利用の不動産をどう活かすか」というリノベーションまちづくりの動きの中から水辺の活性化への機運は生まれた。

　市内を流れる市堀川は、歴史上和歌山の発展に大きく貢献してきた。

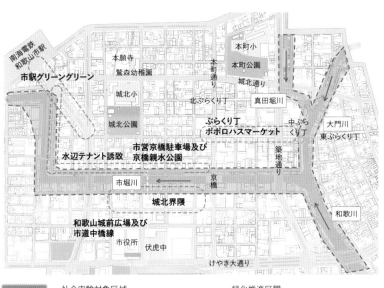

図1　水辺空間を活かしたまちづくり手法検討・調査事業のエリア

和歌山城の堀としてだけでなく、水運の拠点として使われたことで、市場が生まれ商業が振興した。しかし、時は流れ、流通の変化や水質汚染などによって、忘れられた存在になっていた。

公民連携による水辺再生プロジェクト

　和歌山市では、内閣府の地域再生計画の認定を受け、地方創生推進交付金を得て「水辺空間を活かしたまちづくり手法検討・調査事業」を進めた。受託したまちづくり会社の紀州まちづくり舎と市役所によるプロジェクト事務局が発足し、公民連携の取り組みとしてスタートした［**図1、2**］。

　事務局ではまず、水辺空間の特徴や背景を調べると同時に、水辺の関心層やステークホルダーの意識調査や市民参加によるワークショップを開催し、集合知による水辺の価値の再編を図った。

　多くの人々が汚い、臭いと思っている市堀川をどうするべきかについて人々の意思は共有されておらず、それまでこのまちにはなかった「未来にどのような水辺であるべきか」について、ワークショップで意見を寄せ合い、12のビジョンが生まれた［**図3**］。

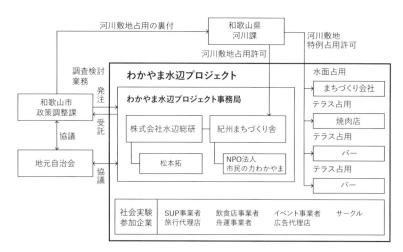

図2　わかやま水辺プロジェクトの公民連携の体制（2018年時点）

ビジョンの実現可能性を検証する社会実験

　12 のビジョンが生まれた水辺ではあったが、実際に実現可能なのかどうか誰もわからない。いきなり大きな投資を行うのではなく、実験的に検証可能な状況をつくろう、ということで実施された社会実験の一つが「MIZUBE COMMON（ミズベ・コモン）」である。MIZUBE COMMON は 2017 年 9 月 3 日から 11 月 20 日までの約 80 日間実施された。実施場所は市営京橋駐車場で、河川敷地占用許可準則の都市・地域再生等利用区域の指定を河川管理者から受け、民間による営利事業が可能となった。

　MIZUBE COMMON では、人々の活動が活発に起こるように、仮設の小屋を二つ設置した［図4］。一つの小屋には飲食店を誘致し 1 カ月間営業してもらうことにした。保健所の許可がとれるように水周りの設備を設置し、利用客のために仮設トイレも設置した。もう一つの小屋は屋内外でさまざまなイベントスペースとして使えるように工夫した。道ゆく人々が関心を持つようにオープンな配置を心がけ、なおかつ人の往来を遮断せずいつでもウェルカムな空間づくりを行った。

　二つの小屋の間は人工芝の広場スペースにし、滞留時間が長くなることを目指して空間を整備した［図5］。河川にも浮桟橋を期間中設置し、SUP（スタンドアップパドルボード）やボートクルーズなどの体験を提供する事業者に開放した［p.126 写真］。

社会実験で明らかになったこと

①水辺はやはり居心地がいい

　水辺に突如現れた居心地のよいスペースは、多くのリピーターを呼び、水辺の魅力を伝えることができた。

②中心市街地のポテンシャルの再認識

　そこに行けば誰かに会えるという無目的に人が集まる場所としての中心市街地の価値が可視化された。

③エリアと一体化した活用

　中心市街地とはいえ、社会実験を実施した駐車場の周辺エリアは賑

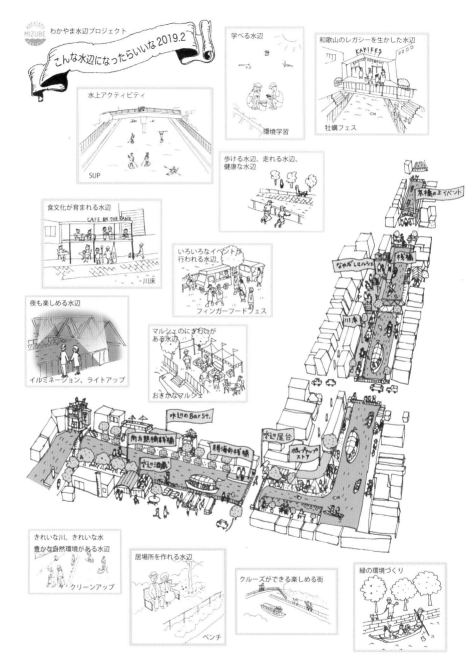

図3 わかやま水辺プロジェクトの 12 のビジョン

図4 MIZUBE COMMON で仮設した二つの小屋と広場、浮桟橋

図5 二つの小屋の間に設けた人工芝の広場で市民がくつろぐ

わいがないに等しい場所で、目的地にも経由地にもなりえていない。この公共空間を活かすのであれば、周辺の建物や道路などとも一体的に活用をはかるものでなければならない。

④効果的な運営を行える人手の確保

　空間整備だけでなく、運営が効果的でなければ公共空間は変わらない。特にこのエリア自体の集客力が当初の想定よりも低かったことで、

集客のために割く運営の労力は重荷となり、人的資源の確保の課題が明るみになった。一方、地元の人々が、機会が与えられれば自ら運営ができることも見えた。

⑤市民の主体性

　対象地だけでできることが少ないことが明らかになったことで、周辺エリアへの関心が高まった。行政は、中心市街地をどのようにするべきなのかというビジョンを示しているが、市民側にはビジョンへの関心は高まっていなかった。協議会を設置して、中心市街地における水辺空間のありかたを決めようにも、そのような当事者が中心市街地には今のところ見当たらないのが和歌山の現実であることがわかった。逆説的にも、この水辺の使いこなしの実験が、市民が中心市街地のビジョンを描く一つのきっかけになった。

小さなアクションから大きな投資へ、さらにその先へ

　和歌山の水辺の社会実験は「OODA（ウーダ）ループ」というマネジメント手法を参考に行われた。OODA とは「観察（Observe）」「判断（Orient）」「意思決定（Decide）」「実行（Act）」を繰り返す手法である。

　MIZUBE COMMON では社会実験によるフィードバックを経て、さらに新たな実証を行うことで、効果的な手法を見つけ、成果が積み上がってきた。

　社会実験を行った駐車場はその後、都市計画決定で公園になることが決まり、これから整備される。この社会実験で得られた成果が活かされてより良い公共空間になるはずである。

　今後も市民による公共空間の使いこなしを推進し、その使いこなしの過程で合意形成を図るなかで、未来志向の中心市街地について議論が活発になり、主体的な担い手が育成されるきっかけとなるだろう。

岩本唯史（いわもと・ただし）

株式会社水辺総研代表取締役／RaasDESIGN 代表／ミズベリングプロジェクト・ディレクター／水辺荘共同発起人。1976 年生まれ。早稲田大学理工学部建築学科卒業。同大学院修士課程修了。2015 年水辺総研設立。和歌山市、墨田区、港区等で水辺活用のコンサルティングを行う。

04
長期的変化を
デザインする

長期的変化をデザインする

泉山塁威

Tactical Urbanism: Short-term Action for Long-term Change
「タクティカル・アーバニズム：長期的変化のための短期的アクション」

　このマイク・ライドンとアンソニー・ガルシアの著書の書名にある「長期的変化のための短期的アクション」とはどういうことなのか。また、長期的変化につなげていくためには、どうしたらよいか。日本のタクティカル・アーバニズムの実践事例を踏まえ、長期的変化をデザインすることについて考えたい。

ゲリラアーバニズム VS タクティカル・アーバニズム

　タクティカル・アーバニズムに非常に似ているものとして、ゲリラアーバニズムがある。おそらくパブリックスペースでの短期的アクションの写真だけを見るとその差を判断することはできないだろう。ゲリラアーバニズムは、許可／無許可にかかわらず、都市のパブリックスペースに対して短期的アクションを起こすことである。ゲリラアーバニズムの興味深い点は、アーティストやクリエイター、市民が1人からできること、地域の課題改善などとは関係ないこと、アートやインスタレーションを通した表現活動や社会へのメッセージ発信として成立することなどだろう。Hack City など都市をハックする活動などもこれに近いだろう。

　ゲリラアーバニズムはタクティカル・アーバニズムに含まれ、共通点が多いが、イコールではない。

　タクティカル・アーバニズムとゲリラアーバニズムはいずれも長期的変化を意図した短期的アクションである。しかし両者の大きな違いは、短期的アクションの後に、長期的変化に向けてコミットしているか、短期的アクションのアウトカム（成果）やインパクト（影響）をどう長期的変化につなげていくか、長期的変化をデザインする都市戦術があるか、といった点にあるだろう。

　たとえば、アーティストが都市を舞台にアート活動をする。都市に展開されたその作品は見る者に対しての何らかのメッセージを発する。この作品を見る人がメッセージを受け取り、意識が変化したり、刺激を得ることで行動が変わるかもしれないが、変わらないかもしれない。これは良い／悪いではなく、それがアート活動の特徴であり、アーティストの役割だろう。

　これに対し、行政や企業といったまちに税金や資金を投入する主体、まちの課題を抱える市民などは、根本的に地域を変えていきたいわけである。地域に関わるステークホルダーは多様であるがゆえに役割と目指すゴールに違いがある。しかし、違いがあるからこそコラボレーションをすることで多様な議論が生まれ、長期的変化をデザインするチーム体制がつくりやすくなるのである。

長期的変化とは何か

　さて、長期的変化（Long-term Change）とは何か。実は明確に定義がなされていない。これは、地域やプロジェクトによって目指すべき長期的変化が異なり、短期的アクションの実践者（タクティシャン）が自己設定する。しかし、長期的変化が何かを理解できていないと、長期的変化をデザインできないだろう。

　そこで、いくつかの事例を見るなかで、共通するポイントを四つの状態と六つの手段に整理してみた［図1］。

1）長期的変化の四つの状態

　長期的変化の四つの状態とは、地域やパブリックスペースがどんな状態になっていたいかである。具体的に描くビジョンやプロジェクト

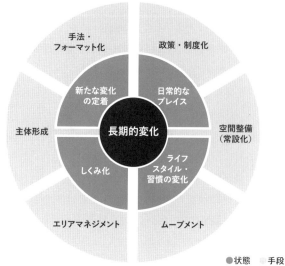

図1 長期的変化の四つの状態と六つの手段

の目的、目標やミッションにも通ずる内容であろう。抽象的なスローガンよりも、具体的な地域やパブリックスペースの状態を明確にした方がわかりやすい場合がある。特に、タクティカル・アーバニズムの場合、1：1スケールの短期的アクションから始まることがほとんどのため、空間やプレイス（場）を対象にすることが多い。

①日常的なプレイス

　通過するだけの目的のない空間を「日常的なプレイス」に変えていくことは、多くの地域やプロジェクトが目指すべき長期的変化であろう。ゲール・インパクト（2014年にヤン・ゲールが来日して以降のパブリックライフを求める動き）によって、国内にもパブリックライフ（日常的に居心地よく過ごす場所とライフスタイル）を求める動きが加速し、人工芝、可動椅子やハンモックなどを仕掛けた社会実験が全国的に増えている。ニューヨークのブライアントパークやタイムズスクエアのほか、国内でも富山グランドプラザ、姫路駅前広場など小さなアクションから長期的変化につながった事例も増えている。

②ライフスタイル・習慣の変化

　人々の都市での行動やパブリックスペースの利用はライフスタイルに規定される。これは新型コロナウイルス感染症のパンデミックでも多くの人が実感したことであろう。日本には広場文化がない、オープンカフェが根づかないという声は各地で聞かれる。これは一朝一夕にできるものではない。ヤン・ゲールが寒い北欧のコペンハーゲンでオープンカフェを根づかせたのは、長年のリサーチと提案の積み重ねによるものである。

　日本でわかりやすいのは、ピクニックである。2000 年代から活動し始めた東京ピクニッククラブ（3 章 3-2）は、当時はゲリラ的に公園などでピクニックをする珍しい活動であった。ピクニック自体は昔から行われていたが、都市のパブリックスペースでピクニックがしにくい状況を認識し、「ピクニック・ライト」（ピクニックをする権利）を掲げ、軽やかに楽しくそれを実践してみせた。

　東京ピクニッククラブの活動は、各地でピクニッククラブが生まれたり、ピクニックコンテンストでその社交性を競うなど、横への広がりと質を高める工夫が見られる。こうした活動の結果、ファッション誌などでもピクニックは取り上げられるようになり、今では各地の公園やストリートでピクニックをする人々が増えている。これは都市のパブリックスペースでピクニックをしようというライフスタイルの変化を生み出した事例である。

③しくみ化

　社会実験などの短期的アクションが単発化、イベント化といわれるのは、継続していないか、それが見える化されていないからである。しかし、継続するにはしくみが必要である。短期的アクションは小さな予算、人員、時間で実施できる。しかし、長期的変化に結びつけるには、大きな予算を準備し、日常的に運営に関われる人材も必要になる。しかし、どのようにプロジェクトを運営するか、誰がどのように組織に関わるか、制度をどうクリアするか、といったしくみがいったんできると、しくみ化されたものはルーティンで回っていく。しくみがまったくない状況から、まずしくみを整えるというのは一つの目指す状態である。

④新たな変化の定着

　ライフスタイル・習慣の変化と少し似ている部分はあるが、長期的変化は人の行動の変化だけではない。たとえば、ストリートの活用をするときに沿道店舗の立地状況が大きく影響する。すでにたくさんの店舗があれば、オープンカフェの運営者を容易に見つけることができるが、店舗が少なければ、店舗を増やすことから始めなければならないだろう。そういった何もない状況から小さなアクションを続けていると、徐々に出店が増え、数年経つと「お店が増えたね」とまちの変化を皆が体感できるようになる。

　新たな変化にはさまざまな要素があるだろう。「笑顔の人が増えたね」「反対していた住民が応援してくれるようになったね」「カフェが出店するようになったね」「地価が上がったね」。小さな変化の連続は気づきにくいものもあるだろう。こうした変化は定量的な定点観測や人の評価によって初めて実感できることも多い。

2）長期的変化の六つの手段

　次に、長期的変化をデザインする上で必要な手段について考えたい。手段を考える際に重要なのは、「手段が目的化しないこと」。目指す長期的変化の状態（目的）があって、それを実現するための手段でなくてはならない。

①空間整備（常設化）

　長期的変化の一番わかりやすいイメージは、空間整備（常設化）であろう。これは社会実験などの短期的アクションが仮設的で期間限定であるため、社会実験の成果を継続的に実現するためには空間整備が必要なケースが多い。たとえば、道路空間であれば、一時的に車両規制により車道を歩行者空間化した場合、普段は自動車通行があるため、歩道の拡幅や歩行者専用道路への整備が必要である。また、都市公園であれば、もともと店舗がなかったところにキッチンカーなどの実験的な出店を経て、Park-PFI（公募設置管理制度）などを使い、公園に店舗等を常設し、民間事業者がパークマネジメントに関わるという展開も出てきている。

②政策・制度化

　政策・制度化は二つの意味がある。一つは、すでにある制度（たとえば、道路占用許可の特例など）の認定を受けることで、合法的にオープンカフェを行ったり、日常的なプレイスをつくるために公民連携のスキームを整えることである。

　もう一つは、まだない制度や政策を実践の中でつくりだすことである。大阪の「北浜テラス」（4章4-5）の実践の積み重ねは、河川法・河川敷地占用許可準則の特例に結びついたと聞く。多くの制度や政策は、先行事例の成功体験や苦労のポイントから法改正や制度化、政策化がなされている。短期的アクションの実践者（タクティシャン）が政策・制度化まで意図しているかは別であるが、結果的につながっているケースは多いのではないだろうか。

③手法・フォーマット化

　サンフランシスコ市の Park（ing）Day などは、自分たちの実践手法を「Park（ing）Day マニュアル」に取りまとめて公開し、世界中で広がるきっかけとなった。多摩川河川敷の野外上映会「ねぶくろシネマ」はそのフォーマットが各地で展開されている。手法やフォーマットにすることで、同様の実践が水平展開される可能性が高くなる。

④主体形成

　日常的なプレイスが生まれたり、しくみ化の状態になるときには、必ず運営主体や地元主体が形成される。公民連携の場合、地域や民間側の主体が形成されないと実装できないケースが多い。

⑤エリアマネジメント

　都市再生推進法人など制度指定を受け、パブリックスペース活用や広告収入による財源確保などを行う公民連携の法人を設立し事業を実施するしくみである。日常的なプレイスをつくったりしくみ化を図る際に、関係者が共通目標を描きやすい手段の一つといえるのではないだろうか。

⑥ムーブメント

ムーブメントは共感の連鎖により一つの流れを起こすことである。たとえば、毎年9月の第3金曜日に世界中で勝手に巻き起こる Park (ing) Day や、毎年1回世界のプレイスメイカーが開催都市に集う「Placemaking Week」などが挙げられる。ある地域で始まったプロジェクトが水平展開され、SNS やオンライン上などでナレッジをシェアされるのが特徴だ。

長期的変化につなげるデザイン

それでは、短期的アクションを単発で終わらせず、どのように長期的変化につなげていけばよいのだろうか。さまざまな考え方があるだろうが、一つの方向性を示したい [**図2**]。特に難しい理論があるわけではなく、考え方の整理の問題である。

前述した通り、長期的変化は自己設定するものである。だから、まずは長期的変化を掲げることである。言い換えれば、目標を持つということでもあるが、「長期的」ということが重要で、「ビッグピクチャ（大きな絵）」を掲げることが重要だ。ただし、掲げた長期的変化が絵に描いた餅にならないためにも想像できる範囲であることは重要だ。この段階で長期的変化が思いつかない場合は仲間と妄想やアイデアブレストをしてみるとよいだろう。

次に、長期的変化にどのようにつなげるかを考える際に、バックキャスティング思考で、必要な短期的アクションと達成度（成果）を検討する。短期的アクションを A とすると、A1 のアクションでどのような初期目標の達成度（成果）（= R）を得られたかを確認・評価する。仮に、三つのアクションが必要であるとすると、一つめのアクション（A1）で、成果（R1）を得る。これを二つめ、三つめと積み重ねていく。もちろん、実際にはこう単純ではないが、ステークホルダーやプロジェクトメンバーと段階ごとに確認しながら進めることが重要だ。

ただ、日本の場合、これを検討するのに時間がかかる。時間を設定してそこで考えられる検討を行い、動きだしたい。ちなみに、単発の社会実験は、何かしら成果はあるのだが、初期目標の達成度（成果）

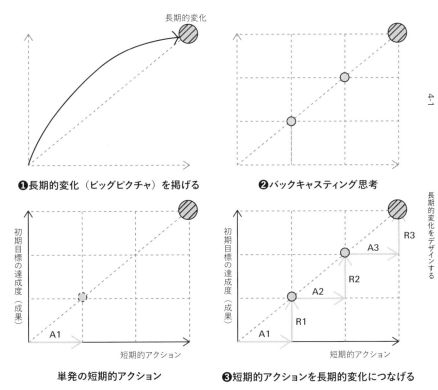

❶長期的変化（ビッグピクチャ）を掲げる　　　❷バックキャスティング思考

単発の短期的アクション　　　❸短期的アクションを長期的変化につなげる

図2　短期的アクションと初期目標の達成度（成果）の関係

を設定していないことが多い。初期目標の達成度（成果）を設定するに
は、リサーチをすること、そしてステークホルダーとの共有が必要で
ある。

　以上述べてきたように、初期目標の達成度（成果）を設定できるかど
うかが、ゲリラアーバニズムと都市戦術としてのタクティカル・アー
バニズムの大きな違いではないだろうか。

泉山塁威 （いずみやま・るい）

日本大学理工学部建築学科助教／一般社団法人ソトノバ共同代表理事・編集長／PlacemakingX 日本
リーダーなど。1984年生まれ。明治大学大学院博士課程修了。博士（工学）。2020年より現職。著書に『エ
リアマネジメント・ケースメソッド』（共編著）、『ストリートデザイン・マネジメント』（共著）など。

歩行者中心にシフトし始めた
道路政策

長期的変化をデザインする

池田豊人 (前国土交通省道路局長)

聞き手
泉山塁威

2020年5月、「道路法等の一部を改正する法律」が改正され、「歩行者利便増進道路」が指定されるなど、歩行者中心の道路空間の構築を目指す政策が具体的に進められることになりました。この法改正を牽引したリーダーである、池田豊人・前国土交通省道路局局長に、改正法に込めた想いや道路の未来についてお話をうかがいました。

Photo
Takahisa Yamashita

池田豊人 (いけだ・とよひと)
前国土交通省道路局長。1961年生まれ。東京大学工学部卒業。同大学院工学研究科修了。建設省(現国土交通省)入省後、道路局道路交通管理課長、道路局環境安全課長、大臣官房技術審議官、近畿地方整備局長等を経て、2018年より国土交通省道路局長。2020年退官。

改正道路法に描かれた、これからの道路

泉山 2020年の道路法改正は、とても画期的な内容だと感じています。池田さんはどのような想いで政策づくりに取り組んでこられたのでしょうか。

池田 今回の法改正をきっかけに、自動車との付き合い方が大きく変わるでしょう。以前から、変わらないといけないと思っていました。これまでの道路政策はモータリゼーションのウエイトが大きく、それによって得るものも大きかったですが、失ったものもありました。

昨今の新型コロナウイルス感染症の流行によって、人と人のコミュニケーションの変化が加速し、20年先かと予想していたことが、突然現実に起こりました。今回の法改正により道路空間を人と人の交流をもたらす賑わい空間としても位置づけられるよう、これまでとは異なる制度を採り入れています。

また、コロナによって、物流が大事だということも実感させられました。道路の安全性を守るために大型車両の通行許可制度についても見直しが必要でした。さらに、自動運転が実装される時代が間近に迫っており、道路側で準備しておくべきことも定めています。

泉山 道路での賑わい空間の創出について、道路局が取り組むことが意外でした。

池田 そもそも道とは、交通以外にも賑わいなどの機能も担っていました。しかし、モータリゼーションの発展とともに、いかに安全に自動車をさばくかということが主な役割になってしまいました。これからの時代には、道の本来持っていた文化的側面が、改めて求められ始めたのだと思います。

泉山 歩行者利便増進道路により道路

図1　丸の内仲通りの道路占用
（© 国土技術政策総合研究所）

占用許可の期間が最大20年と定められましたが、それほど長いスパンを設定された背景について教えてもらえますか。

池田 もともと道路の占用は、「通行のための道路」という役割とバッティングするため、占用は限定的なものにとどまっていました。しかし、賑わいがあった方がよいエリアもあり、占用許可を柔軟に実施できるようにしようという議論が起こりました。道路占用についての今回の法改正は、安全な交通のために賑わい機能は「ない方がよい」という考えから、エリアを限定して「あった方がよい」という発想の転換だと理解しています [図1]。

泉山 私自身、エリアマネジメントや公共空間活用の社会実験を行うなかで、財源やしくみを構築して成果を出すのに5年など短期的な占用では厳しいと感じていて、こうした政策転換の流れに勇気づけられます。

御堂筋で実践した賑わい創出

泉山 池田さんは近畿地方整備局長として、長年御堂筋の将来ビジョン（4章4-8）に携わっておられましたが、当時どういうプロセスを描かれたのか、またどのように行政と民間が連携し進められたのか、教えてもらえますか。また、御堂筋でのご経験は、今回の道路法改正にも影響がありましたか。

池田 御堂筋のビジョンづくりを進める過程で、「御堂筋・長堀21世紀の会」「御堂筋まちづくりネットワーク」「ミナミまち育てネットワーク」という三つの団体が取り組みの大きな原動力となりました。三つの団体は、御堂筋エリアを活性化しようと10年、長いところは30年くらい活動しており、御堂筋のビジョンへの意見も、自分たちの長年の活動経験をもとに述べられるので、絵空事ではないわけです。

「こういうことをやってはどうですか？」と行政がビジョンを掲げるだけでは、まちは変わりません。ビジョンを実現するためにハードを変えることは道路管理者＝行政ができますが、変えたハードをどう使うかという運用の視点がないと、ビジョンは実現しません。「こういうことをやりたい！」という民間の組織が積極的に参画して取り組めたのが、御堂筋のビジョンの大きな特徴だと思います[図2]。その結果、賑わい空間としての道路の価値を多くの人が見出し、パークレットなどいろいろな取り組みが実施されてきました[図3]。

今回の法改正で取り入れた「歩行者利便増進道路」についても、御堂筋の経験が頭にありました。これまで、道路でイベントやカフェを催し賑わい空間を設けることは、沿道の関係者や道路管理者が積極的で、警察の理解を得ながら実施してきました。こうした行

図 2　御堂筋将来ビジョン（出典：御堂筋完成 80 周年記念事業推進委員会）

図 3　御堂筋でのパーク
レット

為は関係者の合意が得られる範囲で実施されてきたわけですが、いわゆる道路法や道路構造令という、道路のルールの中で、きちんと認められているものではありませんでした。

　道路のような公共空間は多くの人が利用するので、なかにはルールで認められていないことをやってもよいの

か？と考える人もいます。税金を使うのですから、そういう考えを持つ人がいるのは当然のことです。実施する側も無駄遣いと言われないかと躊躇してしまいます。こうした状況を突破し、自信をもって取り組めるように、賑わい空間を道路のルールの中にきちんと位置づけることが、必要だと思ったの

です。

　もちろん、法律が改正され、ルールの中に位置づけられれば何でもオールマイティに進むということではないと思います。賑わい空間を設けることで、関係者との合意形成や、人や自動車の通行との折り合いはつけなくてはいけません。こうした実現に向けた努力はこれまで通り必要ですが、ルール化して入口が整えられたことで、結果は大きく違ってくるのではないかと思います。

泉山　大阪ではパークレットをはじめ社会実験などが積極的に行われており、道路活用の成功事例が多く、東京も頑張らないといけないと思います。大きなビジョンを見せる重要性がある一方で、道路は一度できてしまうと変えにくいという難しさがありますよね。

池田　一般的に、まちは最低10年、20年くらいのスパンで、毎年少しずつある方向に向かってできていきますが、その過程で利用者や管理者の間で将来のまちの姿が共有されていくものだと思います。急激な変化は沿道商店や住民に受け入れてもらうのは難しいものですから、一度に変えようと思わないことが大事です。

　御堂筋の経験からも、大きなモータリゼーションの流れを変えるのは簡単ではありません。しかし今、変える時期がきているのではないかと感じてい

ます。既存の「車 or 人」の一辺倒な解決策ではなく、「車 and 人」のバランスを上手にとる知恵と工夫が求められています。

ハードとソフト、両面からの取り組みを

泉山　法改正の先に描かれた道路を実現していくためには、都市局や警察との調整が不可欠だと思いますが、どのような連携を考えていますか。

池田　まず都市局とは、線である道路のポテンシャルを活かすために、都市局の進める面の政策にうまく組み合わせていくことが重要だと感じています。

　警察にとって今回の法改正は、渋滞や交通安全に関係する新たな心配事を生み出すものかもしれません。時間のかかることではあるけれども、心配事を乗り越えてやろうよ、という合意形成を図り、一緒に取り組む形にもっていくことが大事だと考えています。

泉山　国としてタクティカル・アーバニズムを取り組むとしたら、どのようなことができると思いますか？

池田　10年オーダーでまちの景色を変えていくような、目に見える変化をいかにつくるか、その工夫が必要です。「制度」や「文化」、世の中の「相場」は目に見えませんが、まちが変わったと目に見えてわかる変化は、実はこうした目に見えないものが変化してこそ

生まれるものです。それを意識して行動することが大切です。

　国の制度が変わったことで、通行以外の目的を持つ道路もできるというメッセージを全国に発信できます。その事実がこれからのまちづくりの後ろ盾になり、少しずつ文化が変わっていくことを願っています。

泉山　自治体や各地域に期待するタクティカル・アーバニズムはどのようなものでしょうか。

池田　完成図や提言書を掲げるだけでなく、期間限定でもいいので、目に見える形での取り組みを期待したいです。ただし、一過性のイベントだとなかなか文化として根づきません。イベントで終わらせないために、目指す最終形を持って、地域を巻き込むことが求められます。

　たとえば、駅前は人の目に触れる機会が多い場所なので、そこに行けば何か楽しいことができるというのは、まちの賑わいにつながりやすいのではないでしょうか。全国の駅前でアクションを起こして人が集まるようになるとよいと思います。

泉山　道路を活用していくときに、建物のグランドレベルとの関係性が重要だと考えています。賑わい空間をつくる上でも今後さらに重視されていくと思いますが、まだそこには垣根があるようにも感じます。地続きの道路空間をつくっていくコツは何でしょうか。

池田　中心市街地では、特に公共空間の役割は大きく、道路の状態が悪いと沿道も賑わいません。逆に明るい雰囲気の通りになると、沿道にも良い影響をもたらします。そのまちの状況に合わせて沿道をリノベーションしていくと、良い目抜き通りができるのではないでしょうか。

泉山　池田イズムというか、池田さんが伝えていきたいことを教えてください。

池田　まちが賑わうためには、人出が増えることが大切です。人が表に出ないまちでは賑わいも生まれません。30万都市の中心市街地でさえ人がいないところは結構多いのです。そうしたまちでは、人は車の中にいることが多く、それだと良いまちはできないでしょう。

　車の利便性は今後とも変わりません。一方、それと併せて人が表に出るようなまちをいかにつくっていくかを考えていくべきです。

　まちが元気になれば、日本も元気になります。ハードもソフトも両方必要ですが、ハードの力はやはり大きい。日本の道路の可能性はこれからますます広がるでしょう。

（2020年5月7日）

ストリートデザインガイドライン
の舞台裏

今 佐和子 （国土交通省都市局市街地整備課）

聞き手
泉山塁威・西田 司・矢野拓洋・山崎嵩拓

2020年3月に国土交通省の都市局と道路局が連名で「ストリートデザインガイドライン」を公開しました。このガイドラインには、ストリートを車中心から人中心へとつくり変えていくための具体的な方法が示されています。このガイドラインの作成に関わった国土交通省都市局の今佐和子さんに、ガイドライン作成の背景と人中心のストリートへの再編についてうかがいました。

Photo
Takahisa Yamashita

今 佐和子 （こん・さわこ）

国土交通省都市局市街地整備課。1986 年生まれ。筑波大学・同大学院にて都市計画を勉強後、IT 企業に入社。2013 年国土交通省入省。まちづくり推進課や新潟国道事務所、育休等を経て、2018 年より約 2 年街路交通施設課にて街路空間の再構築や利活用に携わる。2021 年より現職。

パラダイムシフトが起きる前夜

泉山 今さんは、ストリートデザインガイドライン作成に関わる複数のプロジェクトに精力的に携わってこられました。どんな想いでこの仕事に向き合ってこられたのでしょうか？

今 3年前、育休からの復帰の際、ストリートを車中心から人中心へ戻したいという想いで、街路交通施設課を希望しました。その根源にあるのは、交通安全への願いでした。車社会の北関東に住んでいて、上の子が歩きたがるようになると、近所の道を歩かせるのはとても危なくて。「まちなかの道は人が中心であってほしい」と強く願うようになりました。

当時、ストリートの再編について自治体の担当者と話すと、「まちなかでも車で移動したい人が多く、合意形成が難しい。ストリートを変えたい人はそんなにいないのではないか」という言葉がよく返ってきました。そこでまずは、より大勢の人が「ストリートは人中心がいい」と思うようにすることが大事なのではと考えるようになりました。

泉山 2019年6月には「WEDO（Walkable, Eyelevel, Diversity, Open）」のスローガンとともに国の施策として「ウォーカ

図1 毎年夏、セーヌ河岸の自動車専用道を人工ビーチに変える、パリ・プラージュ

ブル」の方向性が示されました。そこに至るまでの背景、プロセスについて聞かせていただけませんか。

今 大きな話をすると、まちなかのストリートに注がれる視線が、少しずつ変わってきたと思います。私たちの親の世代は、マイカーを持つのが普通であり、渋滞せずに走れる道路であることが一番に求められていました。しかし、バイパス整備なども進むなか、「まちなかのストリートが本当に車だけのために使われてよいのか？」「ひょっとして、みんなが集まる空間としての役割もあるのでは？」という視線の変化です。私も街路交通施設課で働くまで意識していませんでしたが、まちなかのストリートが、居心地の良い滞留空間として機能するのは、都市に欠かせない要素ですよね［**図1**］。まずはこれが大きな背景です。

そのような、ストリートをめぐる、

車から人への視線の変化を受けて、まず、2018年3月に街路空間が人中心にデザインされている事例集を作成しました。これが表立った最初の動きです。その後、さいたま市、北九州市、大阪市の先進事例を自治体の担当者と視察させてもらう勉強会を実施しました。この流れで、大きなシンポジウムを開くことになり、街路の訓読みである「マチミチ会議」と名づけられました。

2019年5月には、元ニューヨーク市交通局長のジャネット・サディク＝カーンさんが来日され、国土交通省で講演会を開催させてもらいました［**図2**］。講演会自体も大盛況でしたし、何より当時の都市局長本人がジャネットさんと直接議論を交わしインスパイアされていました。ここがウォーカブルを加速させるターニングポイントになったような気がしています。

一方その頃、都市局として将来の都

図2 マチミチ会議特別編「ジャネット・サディク＝カーン氏来日記念講演会」（提供：国土交通省都市局）

市像を幅広く検討する「都市の多様性とイノベーションの創出に関する懇談会」を定期的に開催していました。これは当初から、ウォーカブルを出口として見据えていたわけではなく、これからの都市の可能性を幅広く模索するものでしたが、懇談会のまとめをするタイミングにジャネットさんの来日が重なったことで、「居心地が良く歩きたくなるまちなか」をつくっていこうという流れが生まれたように思います。

泉山 マチミチ会議では、実際どんなことをしてきたのでしょうか？

今 マチミチ会議は、歩きたくなる街路づくりの普及啓発をする集まりです。年に一度の全国会議に加えて、先進都市を視察させてもらう勉強会もこれまでに6回開催しました。組織内で孤軍奮闘になりがちな自治体の担当者同士がつながれるよう意識しました。また、メールマガジンでは、各自治体から発信してほしいと依頼を受けたものを発信したり、こんな事例がないかという問い合わせに対し他の地域に情報を求めるなど、情報のハブとして機能させることもありました。

ストリートデザインガイドラインに込めた想い

泉山 その後「ストリートデザイン懇談会」が発足しましたね。こちらも始まった経緯から教えていただけますか。

今 WEDOが打ち出されたときに、これから国がやる10のアクションプランが羅列されました。このうちの一つがウォーカブルなまちをつくるためのガイドラインの作成でした。このガイドライン作成に必要な良事例や考え方を集めるべく、第一線で活躍する方々を懇談会に招くことになり、2019年9月から6回開催しました。

泉山 ストリートデザインガイドラインは、どんな構成になっているのですか？

今 懇談会ではストリートを「使う・作る・支える」の三つの側面から議論しました。それをガイドラインでは、1章でストリートを人のための空間に改変する意義を、2章では上記の「作る・使う」にあたるストリートの構成要素を、3章で「支える」にあたる交通環境についてまとめています[*1]。個人的には、2章がこのガイドラインのメインだと思っています。文量が多いので、2章の冒頭に要点をまとめて記載しました。興味がある方は要点だけでも目を通してもらえればと思います。

泉山 ガイドラインはどんな使われ方をイメージしていますか？

今 ガイドラインの副題を「居心地が良く歩きたくなる街路づくりの参考書」としていますが、行動したい人が具体的に学べる「参考書」にしてもらいたいと思って作成しました。

また、2年間のマチミチ会議で"ス

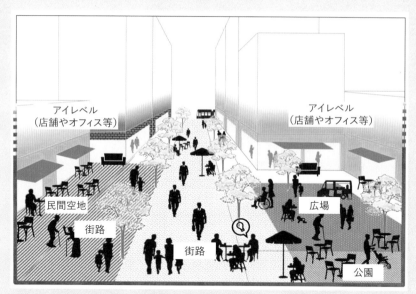

アイレベル
（店舗やオフィス等）

アイレベル
（店舗やオフィス等）

民間空地

街路

広場

街路

公園

図3 ストリートデザインガイドラインで示された、まちに開かれた、人中心の街路空間の範囲（提供：国土交通省都市局）

トリートをまちのために使っていきたい" 行政職員の方々に多く出会いました。その人たちの大半は組織内で孤軍奮闘していたように思います。そんな方々が周囲を巻き込んだり、関係部署・機関と交渉するときに、後押しとなるよう言葉を散りばめたつもりです。行政職員に限らず、ストリートを使いたい多くの人たちの "Act Now" の一助になれば、と願っています。

西田 ストリートデザインガイドラインをつくるなかで、特に重視したものは何だったのでしょうか。

今 一つは、「街路は交通のためだけの場所ではなく、佇むことができる居場所としても使われてよい」というメッセージをしっかり伝えていく、というこ

とです [**図3**]。ガイドラインは、地方自治体にとっては国の正式文書になります。今まで正式にストリートを車中心から人中心へと謳ったものはなかったので、そのメッセージを伝えるということが大事だと思っています。そして、単にメッセージの発信だけでなく、ガイドラインではより具体的に達成するための方法を伝えたいと思っています。

また、いろいろな実践者の方の話を聞くなかで個人的に大切だと感じたのは、「使いながらつくる」ということです。こういったタクティカルなアプローチを国側から推奨することが重要だとも思っています。

西田 たしかに、これまで行政主導というと、どうしてもハード整備から入

図4 歩行者空間が拡張されたコペンハーゲンの Vester Voldgade で遊ぶ子供たち

る印象が強かったですからね。

泉山 まさにタクティカル・アーバニズムですね。エリアマネジメント業界でも、これまで計画→設計→施工→運営という流れだったのが、最近はまず運営から入るというプロセスに変わってきています。計画から考えることの限界が見えてきているように思います。

西田 デンマークでは車の交通規制について国をあげて高い目標を掲げ、行政主導で政策を打ち出しています［**図4**］。日本では政策とまではいかなくても、ガイドラインのように良い事例を拾い上げて、他の地域の実践者を応援

するフォロワーシップ型の姿勢が見てとれますね。

日本におけるタクティカル・アーバニズムの価値

山崎 日本でタクティカル・アーバニズムを実践していく上で、改善した方がよい点は何だと思いますか。

今 自分も含めて「できない病」にかかっている人が多いと思います。行政側もできない病にかかってしまっているために制度や管理の姿勢が変わらないという意味でもありますし、道路を使う側も、どうせ今の制度ではできな

い、この自治体ではできないと思い込んでしまっているということもあると思います。

西田 専門的な知識を持っていれば、ここまではできるけどこれはできない、という線引きがはっきり見えるので、できる範囲内で何ができるか、という思考へ切り替えることが可能です。しかし専門的な知識がなく「やりたい！」という純粋なモチベーションのみでアクションを起こそうとした人にとっては、警察、保健所…と、思わぬ壁がいくつも立ちはだかり力尽きてしまうのかもしれません。

矢野 行政と市民の間で、理想とするイメージが共有できていると、行政側も壁をつくるだけでなく、「これは無理だけどこれならできる」と、提案しあえる関係になれるような気がします。

西田 問題は、やってはいけないことが起きないか管理している側にとっては、ダメか問題ないかの判断はできるものの、「これならできる」と提案することのハードルが高いということです。つまり行政は、自分たちで提案していくリーダーシップ型ではなく良事例を応援していくフォロワーシップ型の方が性に合っているんじゃないかと思います。国がその姿勢をとれている今、自治体もフォロワーシップ型の体制をとれるとよいですよね。

今 ある自治体の部長さんも「使わせ

ないより使わす方が全然大変。それでもまちが良くなることを願って許可を出す"勇気"を職員に持ってもらいたい」と話していました。管理側として、見習いたい姿勢ですよね。

西田 まちを使う側として実績をつくっている人たちも、最初からできたわけではなく何度か失敗していると思うんです。前例にないことは、怒られたら止めればよいくらいのスタンスで挑戦してみることが大事かもしれませんね。

泉山 日本では社会実験の準備が長くかかりすぎるといわれています。社会実験なのに失敗が許されない感じになっている。プレイスメイキングに関しても同様で、LQC（Lighter, Quicker, Cheeper）を掲げているわりには大掛かりでスローになってしまうことが多々あります。スピード感を意識したいですね。

今 そこにタクティカル・アーバニズムの価値があるように思います。この概念のおかげで、「やってみる」のハードルが一気に下がると思います。

山崎 ただ、行政としてそれをどう応援するのかは難しいところですよね。基本的にゲリラ的なアクションが認められるには寛容さが求められますが、制度としての寛容さと、地域住民の寛容さの二つの寛容さが必要です。

アメリカでは、制度としてはアウトでも、地域住民が応援していれば良し

とされるような事例をいくつか見ました。ニューヨークのゲリラガーデンも、ある住民のアクションが地域住民から応援されたことで後追い的に制度として認められました。そのくらい行政の立場がフレキシブルで市民を応援できるというのはすごいことですよね。

泉山 立場の違う人たちが共通の課題を持ち、同じ熱量を持って取り組めることが重要ですね。

西田 「タクティカル・アーバニズムが解決したい課題は何なのか」という素朴な問いが、意外と深いと思っています。タクティカル・アーバニズムはプラスをさらにプラスにしていける概念であり、明確な課題設定の必要性を持っていません。

今さんが最初におっしゃった、「子供が安全に暮らせるまちを」という課題意識は、分野や世代がずれてしまうととたんに見えなくなってしまう課題です。多くの人が共通の課題として当事者意識が持ちにくいと言えるかもしれません。

今 制度をつくるときは、俯瞰的に物事を考えてしまいがちです。だからこそタクティカル・アーバニズムが必要

なんでしょうね。

泉山 タクティカル・アーバニズムはボトムアップなイメージが強いと思いますが、国や自治体ができるタクティカル・アーバニズムとは何だと思いますか？

今 やはり「使いながらつくっていく」ということが大事だと思っています。これは物理的な空間だけでなく、制度もそうではないでしょうか。

同時に、いかにプレイヤーのアクションをサポートできるかが、タクティカル・アーバニズムにおける国の役割だと思います。公共空間の小さなアクションが持続可能になるよう応援していきたいです。

泉山 今後、タクティカル・アーバニズムに期待することはありますか？

今 やはり「やってみる」のハードルを下げることですね。たくさんのアクションが生まれれば行政の目にとまる可能性も高まり、応援しやすくなるはずです。タクティカル・アーバニズムは市民と行政のコミュニケーションを円滑にしてくれると思っています。

(2020年2月26日)

注
1　ストリートデザインガイドライン（2021年5月改訂）
　　https://www.mlit.go.jp/toshi/toshi_gairo_fr_000055.html

人間のためのストリートをつくる
制度のデザイン

渡邉浩司

池袋グリーン大通りを変えた民間の力

　これまで都市計画の仕事に携わってきたなかで、最も現場の近くで仕事ができたのは、2014〜2016年の豊島区副区長のときである。東京都23区唯一の消滅可能性都市といわれるなかで、都市再生施策の一つとして池袋駅東口のグリーン大通りの活用に取り組んだ（4章4-7）。グリーン大通りは、歩道は広く街路樹もきれいな立派な通りだが、沿道には鉛色のオフィスビルが立ち並び、人や車が通過するだけで、そこに居心地のよさはなかった。

　豊島区には以前から、池袋駅東口を歩行者空間化しLRTを通すという将来構想があった。その第一歩として、グリーン大通りに歩行者の賑わいを呼び込もうと、区はオープンカフェを計画した。しかし、地元に説明しても、反対はしないものの自ら動く人もあまりいなかった。区がテーブルや椅子を置いてみても、役所側の理屈で置かれた椅子に座る人は増えなかった。

　同じ頃、「としま会議」という、区内で活動をしている人を集めて意見交換をする会が民間ベースで動き出していた。そこには、役所内ではわからなかった「こんな活動をしている人がいたのか」という発見があり、私も必ず参加した。毎回5人前後の人が自らの活動をプレゼンし、会を重ねるごとに50人、100人と蓄積され、さらにそれまで個々に活動していた人たちがネットワークを組むようになってきた。

図1 池袋グリーン大通りの社会実験 IKEBUKURO LIVING LOOP（2018年）

やがて彼らがグリーン大通りにも関心を持つようになり、「マルシェ
をやろう」「ワークショップをやろう」と動き始めたのだ。そこには、
豊島区の将来を区役所だけに任せてはおけない、自分たちの住みたい
まちは自分たちでつくりだそうという想いがあった。

　この若い世代の「自分たちの居心地がよい空間をつくろう」という
取り組みは、通過するだけの通りだったグリーン大通りが活動と交流
の場に変わりうる可能性を示してくれた。その後、試行錯誤を経て、
グリーン大通りと南池袋公園をつないでマルシェなどの空間活用を展
開する「IKEBUKURO LIVING LOOP（池袋リビングループ）」の活動へ
とつながっていった［**図1**］。

　この展開のなかで、都市空間は整備するだけではダメで活用されな
ければ意味がないこと、人間の活動を中心に考えなければいけないこ
と、それを担う若い世代の人たちが動き始めていることを体感した。

車中心の都市計画から人中心のまちづくりへ

　その後、国土交通省都市局街路交通施設課長になり、街路＝ストリートとは何か、どう変革していくのか、というテーマに取り組み始めた。まずは、グリーン大通りでご一緒した泉山塁威さんをはじめ、多くの有識者や実践者からお話を聞き、各地の実践を「官民連携による街路空間再構築・利活用の事例集」（2018年）としてまとめて発信した。その後、NACTO（全米都市交通担当者協会）のストリートデザインガイドの日本版をつくりたいとの議論を皮切りに、若い人たちが、前例にとらわれないエネルギッシュな動きを進めてくれて、ムーブメントから施策立案へという流れができた。

　日本では、約100年前の1919年に都市計画法や道路法が制定され、併せて道路構造令と街路構造令という二つの構造令もつくられた。道路構造令が国道の幅員を7.2m以上と定めている時代に、街路構造令は、都市部の街路は左右に幅員の1/6ずつ歩道を確保し、最も広い"広路"は44m以上確保すると定めた先進的なものだった。この基準に基づき、震災・戦災復興等により整備されたのが、冒頭で触れたグリーン大通りや、東京の昭和通りや大阪の御堂筋などの各都市を代表する街路である［図2］。モータリゼーションとともに街路構造令は道路構造令に吸

図2　震災復興区画整理事業で整備された昭和通り（出典：東京市発行「復興アルバム」1930年）

収されたが、昨今の流れは、先人が苦労して確保したまちなかの空間を車から人のために戻していくチャンスである。

　今般、都市再生特別措置法の改正により滞在快適性等向上区域制度、また道路法改正により歩行者利便増進道路制度（4章4-2）が創設された。この両制度とストリートデザインガイドライン（4章4-3）が実践されることにより、ストリートとその沿道が、出会い・交流の場へ、さらには、新たなイノベーションや暮らし方を生み出す場へと転換できるのではないかと考えている。

with/after コロナ時代のストリートの価値

　そして今、新型コロナウイルス感染症の流行は、都市に新たな問いを投げかけている。人々の集積に価値があった都市で、集積とは真逆の動きが求められている。人々の移動を支えてきた公共交通も存続の危機にある。生活空間や働き方は一から見直さなければならない。そうしたなかで、海外では、ストリートを歩行者や自転車の空間として、そして飲食や滞在、交流の空間として再構築する動きが加速している。日本でも道路占用の特例通知が出され、また、都市局においては、人間中心のまちづくりに向けて、既存のインフラを地域の資源（アセット）として捉え、機動的に活用すべきとの方向性を新たに打ち出した。

　オープンエアのもと人々がゆとりをもって交流できるストリートという場は、with/after コロナの社会においてこれまで以上に重要な意味を持つはずである。また、まだ見えぬ将来だからこそ、自分たちで切り開いていくことができる。動きを止めず、タクティカルに現場で試行錯誤しながら実証し、突破口を開いて制度につなげていく、そして全国に広げていく、こうした取り組みがますます重要になってくるだろう。

渡邉浩司（わたなべ・ひろし）
国土交通省大臣官房技術審議官（都市局担当）。1962年生まれ。東京大学工学部都市工学科卒業。博士（工学）。1985年建設省（現国土交通省）入省。2014－2016年豊島区副区長として南池袋公園整備やグリーン大通り活用に携わる。2020年より現職。ウォーカブルなまちづくりの推進に取り組む。

北浜テラス（大阪）：
民間主導の水辺のリノベーション

泉　英明

北浜テラスの日常

北浜テラスの概要

　「北浜テラス」は、三つのNPO（水辺のまち再生プロジェクト、もうひとつの旅クラブ、omp 川床研究会）有志のアイデアをきっかけに、「水都大阪2009」と連動し、2008 年 10 月から三度にわたる社会実験を経て、民間の任意団体としては全国で初めて河川敷の包括的占用許可を受け、2009 年 11 月から常設化が実現した川床群である。

　3 カ所からスタートし、現在ではカフェや飲食店等の 15 カ所のテラスが川に向いて設置され、大阪の旅行雑誌や各種メディアに掲載され、国内外から多くの人が目的地として来街する場所になった。さらに、2019 年にはテラス前の河川護岸に、対岸の中之島から景色を楽しめ、船で川からアクセスできる「キタハマミズム」と名づけた船寄場・ステージが設置され、夜には動くライトアップが楽しめる（船寄場は準備中）。

　北浜エリアに質の高い店舗が参入し、テラスは設置しなくても川沿いの物件のリノベーションや建て替えが進むなど、エリアのイメージが変わった。

プロジェクトのきっかけ

　北浜という地名は、大阪の中心部である船場の最も北にある浜（水辺）を意味しており、江戸時代から金融の中心地として栄え、舟運も活発で川沿いには料理旅館が軒を連ねていた大阪を代表する水辺のエリアである。現在も大阪証券取引所がある金融街として栄えていたが、証券取引のネット化や社会情勢の変化によりエリアの地盤沈下が進んでいた。また、水都大阪のシンボルである中之島の近代建築群やバラ園などの対岸という好立地にもかかわらず、建物が川に背を向けて立ち、立地を活かせていない状況にあった。

　2007 年 6 月、この場所を「世界に誇れる大阪の風物詩にしたい！」「水辺で風を感じながらうまいビールが飲みたい！」と、NPO の有志数人で川床設置についてのビジョンを作成し、北浜の土佐堀川に面する約 50 のビルのオーナー、テナントに提案したところからプロジェ

クトは始まった［**図1**］。

推進するチームビルディング、社会実験から常設へ

　3NPO の提案をきっかけに、以前から目の前の川沿いを使って水都大阪の名所にしたいと考えていたビルオーナーやテナント有志が出会い、コアな少人数で進めていくことになった。まず動いたのは三つのビルオーナーと二つのテナントの5人であった。

　当時は川床設置のハードルはとても高かったが、設置できた暁にはコアメンバー自らが運営管理を行う覚悟があった。地元で責任を持ち、整備・運営する主体として協議会を設立し、その会長として地元連合自治会長が、理事長として明治時代からこの場所で商売をしているビルオーナー兼テナントの人物が推薦された。NPO メンバーは建築、不動産、グラフィックデザイン、公共空間活用などの専門性を持つ人材が集まり、河川管理者である大阪府も理解が深く、協議を進めた。

　その後、8軒のビルオーナーやテナントが川床設置に手を挙げたが、そのうちビルの構造や川床工事費などの条件をクリアした3軒で、2008年10月に1カ月の期間限定で川床を設置運営し、その検証を経て常設化に向けた課題を官民で検証・解決していった［**図2**］。

　第1回目に続き、2009年5〜7月、8〜10月の三度の社会実験を経て、2009年11月から正式に常設化された。当時の河川法では、民間主体は河川の占用主体になれなかったため、半公的性格を持つ「水都大阪2009実行委員会」がリスクを抱えて占用主体となってくれたおかげで社会実験が実施できた。

　2009年7月には、河川の包括的占用許可を受け、日常的に管理運営を担う責任ある主体として「北浜水辺協議会」を設立した。この協議会は前述のコアメンバーが理事となり、他のメンバーも参加して運営をスタートした。河川管理者である大阪府とはその後も密に協議を進めている。

　地元協議会が運用ルールを自ら決め、景観に配慮したデザインガイドラインの策定、安全性の確保、エリアの魅力向上のためのイベント開催、船からテラスに直接アクセスする船寄場や水上ステージの設置

などを進めた。その結果、当初3軒からスタートしたテラスが15軒(2020年時点)に増え、カフェやレストランのテラスで楽しむ人たちの風景が川沿いに現れ[**p.160写真**]、来街者や観光客の目的地ともなり、エリア価値の向上につながっている[**図3**]。

運営を担う地元と制度設計を担う大阪府との役割分担

テラスの設置場所は河川区域であり、イベントでなく恒常的に占用するには規制緩和が不可欠である。そのため、河川管理者の大阪府と地域で協議を行いしくみを構築した。

京都の鴨川納涼床のデザインコントロールやマネジメントの方法を関係者に伝授していただき、毎年組み立てて撤去する京都とは異なる常設での許認可スキームや運営ルールを皆で試行錯誤してつくりあげてきた[**図4**]。

地域の意思をまとめ管理運営の責任を担う「北浜水辺協議会」が、全テラスの包括占用主体となり、大阪府との基本協定をはじめ、協議会規約や設置運用規則などの独自ルールを定め、地元調整や公共性の確保、テラスのデザインや構造のプロトタイプづくり、安全性の確保、占用料の一括納付などの役割を担っている。

協議会のメンバーは土佐堀川に面する土地建物オーナー、テナント、地域の自治会、NPO、北浜テラスのファンなどから構成され、定例総会、毎月開催の理事会、新たなテラス設置の支援やデザイン調整、随時実施するイベントや懇親会などの活動を行っている。

河川管理者である大阪府は、河川敷地占用許可準則の改正(2009年1月)時に占用対象として「川床」を新たに追加する国との協議や、河川区域占用料の府条例化(2009年3月)、常設許認可のしくみづくりなど重要な役割を果たした。

しかし、任意の地域団体が包括占用主体としてふさわしいかどうか、国内に事例がなく、学識経験者、周辺地権者、行政からなる会議では、結論が出ないくらいに議論が白熱した場面もあった。最終的には区域の包括的占用者として協議会が認められ、2009年11月より規制緩和の許認可スキームに移行した。その後、2011年3月に河川敷地占用許

1. エリアならではの価値
① 「エリアならではの資源」：歴史的な料亭街、稀有な立地、川と民地が接する特徴
② 「つかう」：1F地先テナントが設置したテラスと既存建物と一体利用
③ 「つくる」：建物と堤防の間の未利用空間にテラスを設置、護岸に船を係留
④ 「育む」：地元協議会でデザインコントロール

2. ビジョンの3要素
WHY：世界に誇る水辺風景の創造、北浜の歴史性
WHAT：テラス設置、川と陸をつなぐ
WHERE：土佐堀川左岸、北浜エリア

3. ビジョンの立案者、プラットフォーム
3NPO連合体→ビルオーナー・テナント有志が参画→北浜水辺協議会設立へ

地元から提案したエリアの将来像

川床のねらい
①陸と川の連続性をつくる
②見る見られる水辺の風景をつくる
③継続可能な大阪の風物詩をつくる

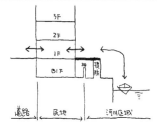

図1 3NPO が提案したエリアビジョン（2007年6月）

小さな投資 ⇒ 蓄積 ⇒ エリア価値向上へ

図3 協議会のメンバーでいつも妄想している将来像

やったろう!

図2 最初に手を挙げた5人と社会実験（2008年）の様子

北浜水辺協議会の設立総会　　　　　　　第三者からなる審議会（中之島水辺協議会）

鉄骨構造の標準モデル　　　　　　　　　開放性と安全性を両立する手すりのデザイン

図5 地元推進主体・審議主体とデザインルール

■STEP1　2008年(仮設)

大阪府西大阪治水事務所→水都大阪2009実行委員会　許認可
水都大阪2009実行委員会←→事業実施者　覚書

■STEP2　2009年11月～(常設スタート時)

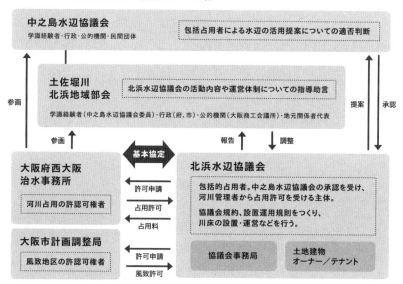

■STEP3　2012年3月～(準則特区スキームに転換)

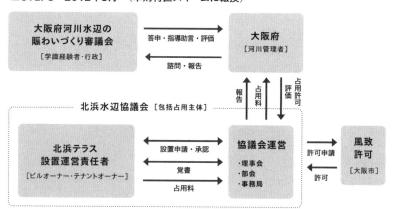

図4　ステージに応じた河川占用許可のスキームの変遷

可準則が改正され、2012年3月に都市・地域再生等利用区域が北浜エリアに指定され、新スキームに移行し現在に至っている。協議会設立後10年を超える今でも、民間サイドでのマネジメントが継続されている。

景観デザイン&運営ルールと良質な投資誘導のバランス

テラスはビルオーナーが自己負担で設置し、河川占用料とともに川床会費を協議会に支払う。公共空間を使用するため公共性を担保するという意図から、不特定多数が飲食などの用途に利用するという前提でテラスを設置することとなる。ビルへ入居するテナントはテラスがあることで圧倒的に来店者が増えることがインセンティブとなり、家賃を多く払い、その費用でビルオーナーはテラスの投資を回収する。

世界に誇る水辺の景観をつくるため、デザインに関する自主ルールを決め運用している[図5]。設置物であるテラスの位置づけやデザイン、設置費用の自己負担などのハードルがあったが、建築基準法の適用を受けない工作物となったことで手続きの簡略化にもつながり、初期の段階から標準デザイン・構造モデルや各種ルールをつくり運用している。テラスに楽しむ人が水辺に並ぶことをイメージし、手すりの高さを抑え、幅（奥行）を広げてまたぎにくくし、手摺付近に客席を配置（着座使い）するなど、開放性と安全性を両立しつつ建物内からも川面を楽しめるようなデザインルールとしている。

水辺で共通のビジョンを掲げ、社会実験を重ねるなかで、主体の発掘、事業性の検証、許認可制度の設計、運営やデザインルールづくりなどを進め、常設後も各々が小さな投資と運営を蓄積していくことでエリアのイメージを変えていく、これが北浜テラスのプロセスである。

泉 英明（いずみ・ひであき）
有限会社ハートビートプラン代表取締役。1971年生まれ。大阪大学工学部環境工学科卒業。2004年ハートビートプラン設立。都市プランナーとして、北浜テラス、水都大阪、長門湯本温泉街の再生、大東市北条プロジェクト等の公民連携プロジェクトに関わる。著書に『都市を変える水辺アクション』（共著）など。

URBAN PICNIC（神戸）：公民連携による戦術的パークマネジメント

村上豪英

初回のアーバンピクニック（2015年）

パークマネジメント社会実験の誕生

　「東遊園地<ruby>東遊園地<rt>ひがしゆうえんち</rt></ruby>」は、神戸港の開港直後の 1868 年に誕生した都市公園である。阪神・淡路大震災の追悼モニュメントを備えた約 2.7ha の公園は、神戸市役所に隣接する都心の中心に位置しながら、潤いを感じにくい土のグラウンドが広がっており、市民がゆっくりと過ごす場所としては使われていなかった [図1]。周辺はオフィスビルが建ち並ぶビジネス街で住民が少なかったこともあり、震災の追悼行事などの大規模イベントが開催されるときを除けば、平日のみならず、休日でも滞在する人は少ない公園であった。

　しかし、東遊園地にはまちの魅力を高められる可能性がある。神戸の都心部は、海と山に囲まれたコンパクトシティであり、狭いエリアに職住遊を担う主要施設が集まっている。その中心に位置する東遊園地が、市民のアウトドアリビングとして愛着を集め、日頃からもっと使われるようになれば、都心全体の魅力と回遊性を高めることができるのではないか。

　その仮説を確かめる第一歩として、筆者を含む民間の数名は実行委員会を組織し、神戸市役所とともに、2015 年に 2 回の「東遊園地パークマネジメント社会実験」を開催した。それぞれ約 2 週間という短い会期であったが、市民の手で仮設された天然芝の小広場に多くの人々が集まり、都心の公園の価値を確かめる一歩となった。都市と自然を同時に楽しむ神戸らしい生活文化を発信する意味を込めて「URBAN

図1　社会実験前の東遊園地

PICNIC（アーバンピクニック）」と名づけた社会実験は、2016年以降もスキームを変えながら継続している。

　本稿では、2015年に始まったこの一連の社会実験が、公園についての長期的な展望の共有にどのように影響してきたのかを紹介したい。

将来像を共有するための短期的な社会実験

　この社会実験は、公園の滞在利用を増やすことを通して神戸の都心の回遊性を高めるために、数名の有志によって企画された。当時はまだ公共空間の活用機運は高まっておらず、土のグラウンドが広がる公園風景に違和感を持つ人は少なかった。このため、2015年6月に開催した初回の社会実験では、東遊園地が持つ可能性を多くの人々、特に管理者である神戸市役所と共有することを最大の狙いとした。

　公園の滞在者を増やすためには、将来的なグラウンドの芝生化は避けて通れない。このため実験的に120㎡の天然芝を植えることを計画したが、管理コストの増大につながりかねない企画に対して、公園管理の部署が慎重な見方を示し、意見交換には多くの時間を費やした。プレイスメイキングによってどれだけの滞在者が増えるのか想像することは難しく、公園についての専門知識を持たない私たち実行委員会をどこまで信用してよいのか、市役所内部でも葛藤があったと思う。

　それでも、修正を繰り返した提案を最終的に市役所が承認し、2週間の社会実験を共同主催者としてともに体験したことが、今につながる突破口となった。公園内の舗装部分にこぢんまりと設置した芝生とアウトドアライブラリーに人々が滞在している風景を目にしたとき、公園の将来像が徐々に共有され始めたのである［**p.168写真**］。体験を通して感性を共有することができれば、意見交換だけでは縮まらなかったギャップを越え、同じ未来像を描くことができることを実感した。

　せっかく担当部署と共有できた公園の将来像が市役所全体に認知されることを目指して、初回の社会実験を終えた数カ月後、その年の秋に2回目の社会実験を開催した。予算の本格的な編成時期にもう一度公園の将来像を考える体験を共有することによって、公園担当部署に限らず、広く市役所内に東遊園地の価値を意識づける狙いがあった。

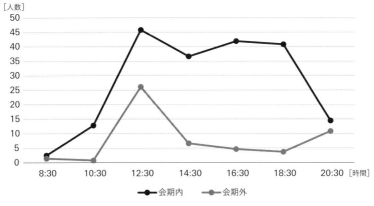

図2 社会実験会期内外の滞在者数の平均値

　この2回の社会実験の会期内外で、公園に滞在する人数に変化があったかを計測したところ、会期中に滞在者がはっきりと増えていることが確認された[**図2**]。数値的な効果が明示されたことも追い風となり、2016年以降の全面的な芝生化と社会実験に予算がつくこととなった。

　折しも2016年は、神戸の中心的な鉄道駅が集中する三宮を中心とした再開発構想が具体化しはじめたタイミングであった。東遊園地はその長期的な都心再開発プロジェクトの一翼を担うべく、1973年以来約50年ぶりに全面的な再整備を目指すこととなった。そのために有識者を交えた「東遊園地再整備検討委員会」が設置され、市役所が公園の将来について長期的な展望を持ったことが内外に明示された。

　このことによって、社会実験の性格も大きく変わることとなった。2015年の2回は、あくまでも公園が持つ可能性を共有することが目的であったが、2016年以降は公園全体のリノベーションに向けて使い方を検証し、再整備後のパークマネジメントのために課題を整理することが目的となった。また実験期間も、2週間といった短期間ではなく、長期的に設定することで新たな課題を見出すこととなった。

再整備を意識した長期的な社会実験

　2016年以降も2018年まで3年にわたって、神戸市役所とともに毎

年4～5カ月程度の社会実験を開催した。それまでの実行委員会の事務局を法人化して「一般社団法人リバブルシティイニシアティブ」を設立し、市役所の予算で芝生が敷設された広場の周辺で、アウトドアライブラリーやカフェといった仮設の拠点を中心に日常的な利用促進を目指しつつ、公園再整備の方向性を模索することに焦点を絞った。

その第一歩が、長期的にパークマネジメントの方向性を考えるための体制づくりであった。上述の一般社団法人設立と同時に設けた「東遊園地パークマネジメント検討協議会」という私設の会議体に、東遊園地の東西で活発に活動する二つのまちづくり協議会にも参加してもらうことにした。公園への働きかけは、長期的には不動産の価値向上につながるため、潜在的な受益者たる不動産オーナーを中心に構成するまちづくり協議会の関わりが重要だと考えた。議論の場を共有したり、共同でプログラムを企画したりすることによって、将来的に周辺エリアと公園の価値向上を一体的に検討するための基盤ができた［図3］。

また、市民が公園の再整備に向けて果たすべき役割についても、大きな気づきがあった。まちのために何か貢献したいと考えている市民や企業市民に、活躍のステージとして選んでもらうことによって、公園の魅力とシビックプライドを同時に高めることができる。1人2冊限定で市民から寄贈本を集める「アウトドアライブラリー」のしくみや、市民が自然に公園を育てることを意図したプログラムをつくり、この流れを太くすることを試みた［図4］。設立時から居留外国人が運営に関わっていたユニークな歴史を持つ東遊園地だからこそ、市民がま

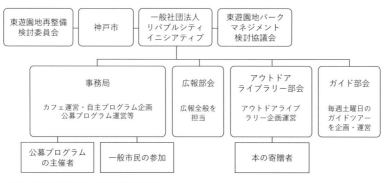

図3 URBAN PICNIC の公民連携の体制

図4 アウトドアライブラリー

ちを育てていく拠点としての公園のあり方を模索する意義は大きい。

　さらに、持続可能なパークマネジメントについても大きな課題で あった。民間企業に門戸を開き公園にカフェをつくる動きが全国的に 見られるが、飲食業経営の視線は自ずとその顧客対応に向けられるた め、プレイスメイキングを通してカフェに入店しない来園者のニーズ にも対応し、公園全体の魅力を高めることと必ずしも一致しない。大 規模改修後のパークマネジメントには、飲食とプレイスメイキングを 組み合わせて公園全体の魅力向上を目指し、その魅力を収益につなげ ていく新しいビジネス領域の確立が必要だと考えるようになった。

　人材育成やハード整備など長期的な投資ができないこの期間は、来 園者との関係も毎年ゼロから出発する必要があり、苦しいマネジメン トを強いられた面がある。しかしながら、仮設構築物の設えやプログ ラム企画で繰り返した試行錯誤の結果を、市役所主導の検討委員会に フィードバックすることによって、公園のリニューアル方針の検討に 資することができた。また、カフェの設営や演奏会などのプログラム の準備のたびに多くのボランティアの助けが必要となる状況は、市民 の参画意識をむしろ高めることにつながった。

　2019年には都心再生のプロジェクトの一環として、東遊園地を全

面的にリニューアルして拠点施設を設けるべく、Park-PFI のスキーム
を使った運営事業者が公募され、その結果、上述の一般社団法人を含
むグループが選定されるに至った。現在は、ハード整備に向けた設計
と運営事業の企画を進めているところである。長期的な投資ができる
主体として、これまでに感じてきたさまざまな課題を解決し、都心全
体の魅力向上に取り組んでいきたい。

長期的な変化を生み出す民間セクターの役割

　まちの長期的な変化を方向づける主体として、大きな予算と人的資
源を持つ行政の存在は大きい。これからも行政は重要な主体であり続
けるが、同時にまちに貢献したいと考え行動する市民や企業市民は確
実に増えており、無視できない存在へと育っている。この民間セクター
こそが持ちえる特徴的な利点を整理したい。

　一つめは、時間軸の取り方である。行政は1年単位の予算編成によっ
て大きな制約を受けている。日々の業務を遂行するだけでも人的資源
は逼迫しており、気候がよい季節に屋外で活動できる日数には自ずと
制約がある。また、多層化した内部構造を持ち、説明責任が重くのし
かかる組織は、測定しやすい結果を性急に求める傾向があり、結果と
してあらかじめ集客力が確約されている既存イベントの誘致に陥りが
ちである。これに対し、期間の制約を受けずに比較的自由に発想し行
動できることが、民間セクターの利点となる。時間をかけられるから
こそ、来場者数などの測定しやすい指標にとらわれず、地域オリジナ
ルのプログラムを育てることができる。

　二つめは、領域の広がりである。アーバンピクニックは、企画の初
期段階を民間セクターが担ったため、公園・都心・企画などさまざま
な行政セクションが横断的に関わってくれた。縦割り組織の範疇で企
画することが求められがちな行政と比べて、特定部署の施策領域に縛
られず、領域を広げて自由に発想できることは、民間セクターが長期
的な変化をリードする際の利点となる。

　三つめは、ネットワークの構築である。さまざまな目的、特性を持つ
人々をつなぎ合わせていくには、柔軟なやりとりを長期的に継続する

必要があるが、これも公平性を常に意識する行政と比べて民間セクターが得意とする。また、行政の定期的な人事異動も、組織ではなく個人の信頼感でつながっていくネットワークづくりには障壁となりやすい。

このように、試行錯誤や柔軟性を得意とする民間セクターと、リソースを長期的に供給できる行政は、それぞれ違った利点を持っている。長期的な変化をつくりだすためには、二つのセクターの協働が欠かせない。

人と人がリアルにつながる場所の価値

2020年5月、本稿の執筆時点では、新型コロナウイルス感染症の拡大防止のため、外出の自粛要請が続いており、公共空間の利用も大きな制約を受けている。さまざまな便益がオンラインサービスに代替されていくなか、リアルな場所はこれまでのようなデファクトスタンダードの座を失いつつある。人々がリアルとネットを自由に選択するこれからの社会において、リアルな場所の意義が改めて問われている。

公園はその成立段階から、効率を追い求める場ではなく、近代化のなかで人間性を回復するための場所であった。オンラインサービスが効率という利点を持つ一方で、誰もが受け入れられるリアルな空間は、多様な市民がお互いの存在を意識し、人間性を感じる場所として、大きな利点を持っている。

人的資源や予算面での制約が厳しいなか、公共空間の活用においても効率を無視することはできない。しかしながら、公園を含めたリアルな空間の将来を長期的に考えるときには、その根源的な価値である人間性の回復を中心に据えていくことが必要であり、そのためには行政と民間セクターが社会実験などの試行錯誤を共有しつつ、多様な視座から議論を深めていくことがこれまで以上に重要となる。

村上豪英（むらかみ・たけひで）

株式会社村上工務店代表取締役社長／一般社団法人リバブルシティイニシアティブ代表理事。1972年生まれ。京都大学大学院理学研究科生態学研究センター修了。シンクタンクに勤務後、阪神・淡路大震災をきっかけに神戸と建設業への関心が高まり、1999年村上工務店に入社、2012年より現職。

池袋グリーン大通り（東京）：
社会実験から国家戦略特区へ

泉山塁威

池袋駅東口グリーン大通りオープンカフェ社会実験＆GREEN BLVD MARKET
でのパークレット（歩道版、2015 年秋）（出典：Kniit Green 実行委員会）

本章 4-1 で紹介した通り、タクティカル・アーバニズムにおいて、短期的なアクションから長期的変化をデザインするには、空間整備（常設化）、政策・制度化など、さまざまな手段が考えられる。本稿では、社会実験（短期的アクション）からスタートし、国家戦略特区認定と駅前のシンボルロードづくり（長期的変化）を目指した「池袋駅東口グリーン大通りオープンカフェ社会実験」における筆者の経験をレビューし、タクティカル・アーバニズムのポイントを考察する。

社会実験ムーブメント前夜

　筆者自身も企画・運営に関わった「池袋駅東口グリーン大通りオープンカフェ社会実験」（2014 ～ 15 年実施）は、道路空間活用の先駆的社会実験として国内では一時期多く参照された。ちょうど、2011 年の道路占用許可の特例（道路法、都市再生特別措置法）、2013 年の国家戦略道路占用事業（国家戦略特別区域法）等で道路空間の規制緩和が推進されたり、2014 年のゲール・インパクト（ヤン・ゲール来日シンポジウムとその影響）によるパブリックスペースのアクティビティ調査の機運が高まり始めた時期である。当時はパブリックスペース活用系の社会実験自体が今ほど多くなかったことや、2000 年代の中心市街地活性化の社会実験も下火になって 10 年ほど経っていた頃で、結果的にプレイヤーの世代交代が進んだ。こうした時代背景や理由から、当時は社会実験の事例やノウハウが少なく、試行錯誤の中でプロジェクトに取り組んだ。ちなみに、筆者はこのときの経験と問題意識から、2015 年に屋外パブリックスペースの居場所づくりのメディア「ソトノバ」を立ち上げる。

社会実験で見据えた長期的変化

　2014 年当時は、豊島区が消滅可能性都市に指定され、また 7 大副都心のうち豊島区は台東区、墨田区とともに国家戦略特別区域指定を外される（後に豊島区も指定）という非常に危機感の募る状況であった。
　当時は、豊島区旧庁舎（現在のハレザ池袋）を中心とした「現庁舎周辺まちづくりビジョン」が 2014 年に策定され、南池袋公園のほか、豊

島区新庁舎（2015年竣工）と池袋駅を結ぶグリーン大通りのオープンカフェが議論されていた。前述した背景もあり、①国家戦略特区の認定を受けること、②それにより豊島区新庁舎と池袋駅を結ぶシンボルロードとして相応しいオープンカフェのあるストリートをつくりだすことが、「池袋駅東口グリーン大通りオープンカフェ社会実験」で目指す長期的変化であり、目標であった。

　グリーン大通りは、2004年、2005年にもオープンカフェ社会実験を実施している。当時は地元組織を中心に豊島区の協力のもと実施され[*1]、非常に苦労されたようだ。その後、約10年ぶりに、オープンカフェ社会実験を実施することになったわけである。豊島区と都市計画コンサルタント（筆者はそのチームに所属）、商業デザイナー、沿道8店舗というチーム構成で、3週間、グリーン大通りで実施する。テーブル・椅子などの什器は店舗に無償貸与し、設営・撤収を店舗が行う。什器が足りないエリアでは、複数の店舗で共同で使用することもあった。普段の商売ではライバル関係にある各店舗の店長が集まる店長会を事前に開き、グリーン大通り自体に人を呼び込むという目標を共有して実施した。道路占用許可、道路使用許可（警察）の手続きの総合調整を豊島区が行い、広報などを事務局（豊島区と都市計画コンサルタントで組成）がサポートした。

　2015年には2回の社会実験が行われる。春には豊島区新庁舎のオープニングの時期もあって、2カ月間のオープンカフェ、土日曜には銀行前のエリアを中心に路上マーケット「GREEN BLVD MARKET（グリーンブールバールマーケット）」を開催し、多様なアクティビティが試された。さらに秋には2日間の飲食マーケットと1週間のオープンカフェを実施した。

　その後、2016年春に国家戦略特区の国家戦略道路占用事業の認定を受け、同年に南池袋公園がリニューアル整備され、南池袋公園とグリーン大通りの一体的な公共空間運営事業者の公募があり、株式会社nestが採択され、2017年からグリーン大通りでの「IKEBUKURO LIVING LOOP（池袋リビングループ）」の開催といった活動が展開されることになる。

社会実験進化論

ここでは、筆者が関わった2年間で三度の社会実験の経験から、社会実験を重ねて実施する意味について紹介しよう。

社会実験のイベント化や単発化が問題視されるようになり、社会実験を単に繰り返し行うことは避けられる傾向にある。ただ、社会実験を複数回実施して、繰り返し仮説を検証することで、確実に進化していく実験もある。筆者はこれを「社会実験進化論」と呼ぶ。逆にいえば、複数回実施しているのに進化しないのは、それがイベントになっているか、仮説を検証するというサイクルが抜けているからである。

2014年の社会実験は、初めての開催であったため、沿道店舗と協力関係を築き、設営・撤収を含めた管理体制を整え、歩道のオープンカフェの効果検証などを実験している［図1］。メンバーがほとんど未経験であったため、「まずやってみる」ことの比重が大きかった。その中で検証項目の設定や調査分析を実施している。

2015年春は、オープンカフェに加えて、銀行前などでのマーケット開催、アルコール提供、2カ月という長期の開催期間などに挑戦した。このときに研究ベースで、歩行者交通量調査とアンケート調査に加え、滞留空間のアクティビティ調査を実施している［図2］。

2015年秋は、アクティビティ調査の結果も踏まえて、飲食を含めた滞留空間を増やすことにし、出店者を地元店舗のみに限定した飲食マーケットへの切り替え、夜間の開催（20時まで）および照明の設置、アイコニックな空間と滞留空間のさらなる可能性を探るパークレット空間（歩道版）の実験などを行った［図3、4、p.176写真］。

このように、3回の各社会実験において実験／検証項目を設定しながら着実に進化してきた。これは正確には、社会実験自体が進化しているというよりも、社会実験を実施するプレイヤーのスキル・経験値や、関係者および許可権者との信頼関係が進化しているともいえる。言い換えれば、毎回プレイヤーや担当者が変わってはこのような社会実験の進化は起きにくい。今回は必ずしもバックキャスティング思考でできたわけではないが、予めどのようなステップや成果を踏めば、目標となる長期的変化に辿り着くのか、事例分析やビジョンを議論するな

図1　沿道店舗と協力したオープンカフェ（2014年の社会実験）
（出典：Knit Green 実行委員会）

図3　滞留空間と通行空間を明確に分ける（2015年秋の社会実験）（出典：Knit Green 実行委員会）

図4　リヤカーを改造した什器で飲食マーケットを開催（2015年秋の社会実験）（出典：Knit Green 実行委員会）

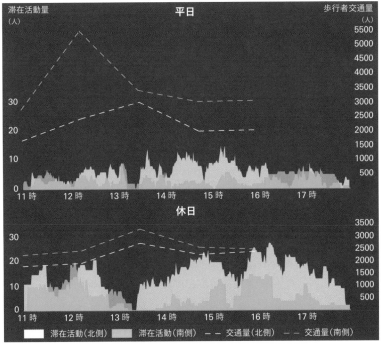

図2 オープンカフェの歩行者交通量と滞在活動量の比較（出典：＊2）

かで関係者と共有ができていた方がよりスムーズに進んだであろう。

会議と実験の併走

　今回の社会実験において、会議と実験を併走するという初めての経験をした。これまでは、PDCA のように、最初に計画（PLAN）を立て、実行（DO）し、評価（CHECK）を行い、改善（ACTION）をするというのが日本社会での常識とされてきた。このため、まず会議で計画をつくるまたは議論することからプロジェクトが始まるのが大半であろう。

　しかし、池袋の社会実験は、3回ともスケジュールがタイトであった。特に最初の 2014 年の社会実験では、行政や町内会、商店街との会議をしながら、社会実験の企画の検討や店舗との交渉、店長会の運営を進めていった。もちろん、会議で決めてから実行するという部分もあったが、社会実験の開催期間中にオープンカフェの現場で関係者と会議

をすることによって、社会実験を体感し、企画内容をすぐに理解してもらえたり、好印象を持ってもらえたことが印象深かった。このときに、会議での議論や計画の仮説をプロトタイプ（試作）するようなデザイン思考やリーンスタートアップの考え方をプロジェクトに採用していく可能性と社会実験の親和性を感じたのが、後に出会ったタクティカル・アーバニズムに共感したきっかけである。

制度と運用の併用

　道路空間で社会実験をする場合、道路占用許可（道路管理者：自治体）、道路使用許可（交通管理者：警察）、臨時出店届（保健所）、消防届（消防署）など、企画内容によってさまざまな許可手続きが必要である。国家戦略特区などの道路空間の規制緩和は、上記のうち、道路占用許可のみに適用されるが、他の規制は緩和されない。もちろん関係組織と協議をして許可／不許可が決定されるので、最初からまったく許可されないわけではないが、根拠となる法制度としては上記の状況である。

　池袋の社会実験では、路上マーケットの出店者募集に対して、グリーン大通りの近くのピザ屋が出店したいと応募してくれた。正直、こちらとしては、ピザ屋の出店を想定していなかった。ピザを路上で焼くためにピザ窯を設置するのは、設備（電力供給等）面で難しい（海外ではピザ窯と自転車がセットとなったモビリティもあるが、短期間で準備するのは不可能だ）。そこで、グリーン大通りでは注文を取り、ビールなどドリンクはその場で販売するが、ピザは店舗で焼いて道路にデリバリーすることにした。今でこそ、宅配デリバリーサービスが一般化しているが、2015年当時はこのアイデアを実行するのは容易ではなかった。

　路上マーケットを開催する場合、必要な許可申請を整理すると、テーブル・椅子の設置は道路占用許可、実施内容は道路使用許可、物販は臨時出店届として申請することになる [**図5**]。ピザ屋の出店の場合、こうした通常の許可申請から外れる内容が出てくるわけだ。こうした想定外の状況が起こった場合は、制度でどう突破するか、運用でどうクリアするか、現場で柔軟に試行錯誤するほかない。社会実験では、制度と運用、その両方が重要である。

図5 池袋駅東口グリーン大通りオープンカフェ社会実験＆ GREEN BLVD MARKET（2015年秋）の連携体制（出典：＊3）

長期的変化の継続性の課題

　「池袋駅東口グリーン大通りオープンカフェ社会実験」としての長期的変化は、まず国家戦略特区（国家戦略道路占用事業）の認定を受けることだったので、2016年にその目標は達成した。ここまでで筆者としては役割を終えたが、グリーン大通りとしては、国家戦略特区の認定を受けるだけでは不十分であり、制度を使いこなし、どう日常的なストリートプレイス（ストリートの居場所）をつくるかが重要である。国家戦略特区の認定後、隣接する南池袋公園がリニューアルオープンし、その後の長期的変化に向けて、新たな体制や主体のもと動いている。

　そう考えると、長期的変化には段階があり、主体や体制が変われば、目指す目標も変わるだろう。人事異動や業務の切れ目、潮目の変化など、さまざまな状況が起こりえるが、主体や体制をどう継続的なものにするか、実務的なノウハウやナレッジをどう引き継いでいくかが、長期的変化を達成するポイントの一つであろう。

　実験の成果が常設化され日常的な風景となるのはそう簡単なことではないが、小さな実験の積み重ねと人々の関係性の構築によって着実にステップを登っていくことが、長期的変化を達成する近道である。

注・出典
1　国土交通省の「オープンカフェ等地域主体の道活用に関する社会実験」に選定され、NPO法人アーバンクリエイト、池袋の路面電車とまちづくりの会、財団法人豊島区街づくり公社が主体となり、豊島区の協力のもとに実施。
2　泉山塁威・中野卓・根本春奈「人間中心視点による公共空間のアクティビティ評価手法に関する研究：「池袋駅東口グリーン大通りオープンカフェ社会実験2015年春期」のアクティビティ調査を中心に」『日本建築学会計画系論文集』81巻730号、2016
3　2018年度日本建築学会大会（東北）パネルディスカッション資料「パブリックスペース活用の本質的意味と価値を問う」日本建築学会戦略的パブリックスペース活用学［若手奨励］特別研究委員会

御堂筋（大阪）：
トライセクターで都市の風景を変える

忽那裕樹

御堂筋将来ビジョン。鳥瞰（上）、アイレベル（下）（© 御堂筋まちづくり3団体）

第三の波を迎えた御堂筋の変遷と現在

　大阪のメインストリート御堂筋。大阪のまちの骨格として街路整備が進められてきてから 80 余年、この道路空間の再編を公民連携によって実現しようという、第三の波となる変化が起きつつある。このまちづくりの動きを通して、小さなアクションを長期的な変化に結びつけていく試みについて考える。

　まず、歴史を概観してみよう。第一の波は、無論 1937 年 5 月 11 日の御堂筋の竣工である。当時の大阪市長で都市計画学者の關一市政のもと、延長 1.3km、幅員 6m 程度の道を、延長 4km、幅員 44 m に拡幅した御堂筋が完成する。關市長時代には他にも地下鉄建設や公営住宅の整備、大阪城再建と公園整備などさまざまな都市政策が進められ、東京市の人口を上回り世界でも 6 番目の人口を抱える都市となり、大阪は大大阪時代と呼ばれる全盛期を迎えることとなる。御堂筋においても当初は、「まちの真ん中に飛行場つくるつもりか！」と揶揄されることもあったという逸話もあり、反対運動や土地買収などさまざまな問題を乗り越えて完成にこぎつけたのである。現在、そのまちの骨格づくりの恩恵を受けている我々は、改めて、先人の努力に尊敬の念を持たなくてはならない。

　その後、戦争による空襲で壊滅的打撃を受けた大阪は、復旧復興の苦難の過程を辿る。御堂筋とその周辺も一面焼け野原となったが、奇跡的に焼け残ったイチョウ並木は、復興のシンボルともなり、現在もその姿を残している。

　第二の波は、大阪万博(1970 年)を迎える時代の交通体系の変更である。高速道路整備とともに堺筋と四ツ橋筋は北行き、御堂筋と松屋町筋は南行きの一方通行化など大規模な交通規制政策が実行され、御堂筋 6 車線すべてが南行きとなったのである。これは、交通量の増加、マイカーブームなどによる慢性的な渋滞の緩和などが目的であり、車中心の都市再編であった。

　そして、現在の第三の波は、「歩いて楽しいまち」とするための起爆剤として道路再編を捉え、将来、公園のような御堂筋を公民協働で実現しようとする動きである。大阪市が中心となって御堂筋完成 80

周年に合わせて、2017年に御堂筋80周年記念事業委員会が立ち上げられ、「御堂筋将来ビジョン」が策定されるまでに至っている。当時の吉村洋文市長（現大阪府知事）を委員長とする委員会には、国、大阪府、経済界、そして、後述する御堂筋まちづくり3団体（NPO法人御堂筋・長堀21世紀の会、一般社団法人御堂筋まちづくりネットワーク、ミナミまち育てネットワーク）が参画している。

　将来ビジョンの中で、「これまで、車中心の移動空間であった御堂筋を、「ひと」と「ひと」がつながり、「ひと」と「まち」がつながることで新たな価値を創出できる人中心のストリートに転換する」と位置づけられたのである［p.184図］。御堂筋完成100周年、すなわち、20年後のビジョンが、公民協働で描かれたことは、大いに期待できるし、今後のまちづくりのあり方を示唆する一つとなりえよう。

　これまでの長期にわたる、多くの市民、経済界、行政の思いと行動が、共有され始めているのは喜ばしい状況である。しかしながら、実現には、困難な側面も多い。小さなアクションを長期の変化に結びつけ、持続可能なまちづくりにつなげるには、そのプロセスをデザインし、多様な関係者が自分事として取り組むしくみづくりが必要とされる。御堂筋における80周年の活動を中心に公民協働で進めていく試みを紹介しながら、今後のまちづくりの方策を探ろう。

三つの立場（トライセクター）の協働

　この御堂筋で起こっている第三の波は、近年、歩いて楽しいまちづくりを標榜して、車中心から人中心への道路再編が行われている国内外の潮流と符合している。産業構造の変化への対応、中心市街地の再活性化、環境への配慮、観光都市への移行など、その理由はさまざまだ。御堂筋においても同様で、バブル経済崩壊後、俗にいう失われた20年にあって、地価下落も合わせて問題とされ、沿道の高さ制限解除、容積緩和などが取り組まれてきた。これらを契機に道路空間自体の再編計画も多く提案されたが、実現においては困難も多く、公民で進める新たな協働のプロセスが求められている。

　第一の波の都市拡張計画や第二の波の交通問題解決施策のような展

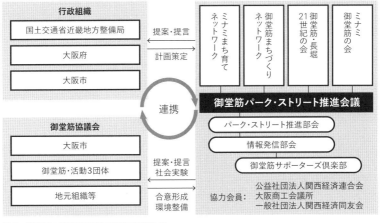

図1 御堂筋の道路空間再編事業の連携体制

開は、行政主導型の一元的な目標に対して上意下達での実行が功を奏した。しかし、それだけでは、今後のまちづくりに必要とされる、多様な価値を生み出しつつ共感が持てるまちづくりには結実しない。財政上の理由もあるが、これからは、小さな成功体験活動を積み重ね、その効果を確認、共有して次につなげ、長期的な変化、大きな計画へ至るプロセスを展開したい。行政任せで陳情、苦情を言うだけのまちづくりに未来がないのは言うまでもない。都市の魅力を創造し、市民や商業者、沿道の地権者たちが愛着と誇りを持って関わり、持続可能なエリアマネジメントなどのしくみを生み出し、主体的に使いこなしていくことが必要不可欠なのである。

　御堂筋に限らず、地域やプロジェクトに合わせた関係者を大きく三つの立場で捉え、たとえば、市民や住民と、商業や経済界と、行政の三者が、それぞれの責任を持った行動をし、協働していくことが、まちづくりの成功の鍵を握っている。縦割りによる二者での協議だけでは、多様な地域の受け皿となるのは難しい。この大きく分けた三つの関係を「トライセクター」と呼んでいるのだが、これからはトライセクター間を調整、活動支援する中間支援組織を、各地域ごとに生み出し、新しいパブリックを支えるしくみとして機能させることが重要になってくるのである［**図1**］。

御堂筋まちづくりネットワーク

御堂筋・長堀21世紀の会

ミナミまち育てネットワーク

地図データ©Google、ZENRIN

図2 御堂筋まちづくり3団体の活動エリア

図3 パークレットの社会実験いちょうテラス淀屋橋（© 一般社団法人御堂筋まちづくりネットワーク）

図4　御堂筋チャレンジ（© ミナミまち育てネットワーク）

図5　キャンドルパーティ（©NPO 法人御堂筋・長堀 21 世紀の会）

社会実験の積み重ねとまちづくり団体の連携

　御堂筋においては、80周年を節目に、まちづくりのプラットフォームとなる関係者組織が連携して、社会実験を実行、共有し、行政で作成した将来ビジョンにあわせて、民間独自の提案をしている。古くから各々の地域で活動を展開していた御堂筋まちづくり3団体（前述）が、御堂筋全体の未来についての協議の場を持ち、トライセクターの一翼を担うべく協働したのである［図2］。

　御堂筋の北部のまちづくりを担う一般社団法人御堂筋まちづくりネットワークは、「いちょうテラス」と銘打ったパークレットの社会実験を淀屋橋で実行している［図3］。場所は、御堂筋の本線4車線の両側に配置されている側道の一部と歩道である。イチョウ並木を挟んで歩道との間にあるこの側道は、将来ビジョンにおける道路全体の歩行者空間化の前に、歩道化が先行される計画となっている。その側道を一部占用して歩道上にベンチ空間を設置して将来拡幅される側道空間の歩道化、広場化のイメージを視覚化するという社会実験である。合わせてミニコンサート、キッチンカー、マルシェを展開して、将来の広場化の効果を検証している。また、ベンチなどへの広告事業も試みている。

　御堂筋の南部で活動するミナミまち育てネットワークは、すでに歩道拡幅が施行された場所で「御堂筋チャレンジ」と称した社会実験を行っている［図4］。カフェやベンチなどのファニチャー、ストリート広告を展開。ライブやマーケットを併設することや、自転車通行と歩行者を分離するという課題にもトライしている。日本の道路上の活動においては、警察協議もハードルの一つであるが、期間中の継続的なベンチ設置や広告の展開、道路上でのアルコール販売も許可を得られ、今後のエリマネの運営に役立つ成果を得ている。

　筆者も所属し、御堂筋の中部で活動するNPO法人御堂筋・長堀21世紀の会では、心斎橋の公開空地において、キッチンカーによるカフェや御堂筋イルミネーションに合わせたキャンドルパーティなど、道路空間と連続する民地での賑わいづくりを行っている［図5］。

　また、3団体で御堂筋のファンづくりを目指す「御堂筋サポーター

ズ倶楽部」を設立している。倶楽部では、各団体に属していない住民や社会人、専門家なども参加でき、初動期に必要な情報収集、発信を行っている。将来的には、各団体の活動支援やしくみづくり、行政や市民との対話のプラットフォームとなることを期待している。

公民が共有するビジョンを描く

　これらの社会実験やマネジメントのしくみづくりに合わせて、民間から御堂筋の将来像を描くことにもチャレンジしている。行政サイドだけで将来像を描くと、どうしてもさまざまな関係者からネガティブな意見も出て、実現可能な計画しか打ち出せないことになりがちである。行政は実現の可能性を詳細に問われるので、致し方がないところもある。かといって、民間だけで考えたものは、社会の中で広く浸透させにくい。だから公民協働で協議した上で、それぞれの立場の強みを活かして、民間からの大胆な提案も社会に位置づけていく必要がある。

　この協働の場で思い切った夢を描くこと。細部まで描いた絵の通りになることではなく、おぼろげな目標像と言えるようなビジョンを関係者で共有することが、とても大切な視点となる。各地でビジョンを共有することなく行われている社会実験などの小さな活動が、目標を見失い、実験することが目的化している状況を目にすることが少なくない。長期的変化や大きな動きにつながらない理由の一つがここにある。このように目標を共有した上での小さな活動の積み重なりが、次のまちづくりにつながる重要なポイントとなる。

持続可能なマネジメントと長期的変化に向けて

　これらの社会実験、ファンづくり、ビジョンの共有を広くお披露目するシンポジウムを2018年4月6日に開催した。御堂筋再編をさらに加速的に推進していくために、1年間の公民協働の成果を共有したのである。マスコミを含め、多くの人々が来場して、行動変容が起こっていることを体感してもらう場となった。これからのまちづくりにおいては、経営の視点も重視されることから、こうしたプロジェクトの

プロモーションの方法を考えるのも大切な視点となる。

　当時の吉村大阪市長がビジョンへの思いを語る時間から始まり、近畿地方整備局長、大阪府副知事、大阪市副市長、御堂筋3団体のトップの方々とコーディネータを務める筆者を合わせたディスカッションでは、勇気の湧く言葉が並んだ。このような儀式ともいえる場の共有も、以後各々の立場で仕事を進める原動力になる。

　現在、側道の歩道化を南から北へ工事を進めている御堂筋では、100周年のときの絵姿を思い描きながら、社会実験の取り組みを続けている。近年、国土交通省による道路法改正や、ウォーカブルシティに向けての施策が打ち出され、まちづくり団体のモチベーションも高まっている。

　上記のプロセスを経て、2020年11月に中間支援組織としての「御堂筋パーク・ストリート推進会議」が設立された。構成組織は、「一般社団法人御堂筋まちづくりネットワーク」「NPO法人御堂筋・長堀21世紀の会」「ミナミ御堂筋の会」「ミナミまち育てネットワーク」の4団体である。

　まとめとなるが、長期的変化に向けたマネジメントを進めていくには、まず、小さな活動を積み重ね、中間支援組織を形成して、社会実験の効果検証をビジョンに反映して共有することが大切である。また、情報発信力を高め、常に活動のデータを次に活かしていくことも求められる。そして、少しずつ整備されていく場所を、人々が多様に使いこなせる場とし、エリアの収益も生み出す持続可能なしくみづくりを同時に進めてこくとも忘れてはならない。楽しみながら使いこなしていく姿がまちにあふれ、道路空間が滞留交流の場に再編されることで、自らが変えていく都市に愛着と誇りを持って関わり続けられるまちづくりを目指したい。長期的変化をもたらす戦略は、このような具体的な行動から生まれてくるのである。

忽那裕樹（くつな・ひろき）

株式会社E-DESIGN代表取締役／ミズベリング・プロジェクト諮問委員／大阪府立江之子島文化芸術創造センター・プロデューサー／一般社団法人ランドスケープアーキテクト連盟副会長。1966年生まれ。大阪府立大学緑地計画工学講座卒業。2000年E-DESIGN設立。近作に草津川跡地公園など。

05

まちのプレイヤー
をつくる

まちのプレイヤーをつくる

矢野拓洋

私たちのモチベーションの集積でまちはつくられる

　本章では、タクティカル・アーバニズムを推進する「プレイヤー」に焦点を当てる。タクティカル・アーバニズムが発生する場には、何者かによるまちを変えていきたいというモチベーションが正負の感情を問わず流れている。そしてまちの変化を志向する小さなアクションが長期的なまちの変化へと成長していく過程で、モチベーションはさまざまな人に伝達されていく。たとえば、1人のアクションが仲間の共感を誘い大きなムーブメントを生んだり、アクションの規模が拡大する過程で行政と連携を深め、より公共性の高い事業へ変わるなど、モチベーションは業種を越えて人から人へ共有され大きく成長していく。

　このように、タクティカル・アーバニズムに関わるステークホルダー

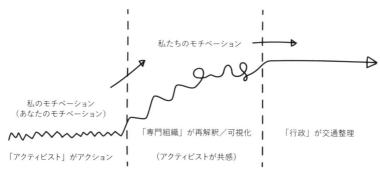

図1　タクティカル・アーバニズムの3タイプのプレイヤーとモチベーションの活用

をプレイヤーとする場合、それぞれの立場におけるプレイヤーとしての役割にはどんな違いがあるだろうか。

　ここではプレイヤーを3タイプ分けて、それぞれのモチベーションの扱い方を紹介する［**図1**］。一つめは、アクティビストによる「私のモチベーション」の活用で、個人的なワクワク感やフラストレーションをドライブさせて公共空間を変化させるアクションを起こす。二つめは専門組織による「あなたのモチベーション」の再解釈と可視化であり、他者の私的なモチベーションをまちが変化するプロセスに引き込む。三つめは行政による「私たちのモチベーション」の交通整理であり、まちの変化を志向するモチベーションが長期的に持続するために支援する役割を担う。それぞれの立場から地域に漂うモチベーションに働きかけることで、まちを動かすプレイヤーが育ち、プレイヤー同士がつながるコミュニティが育つ。

アクティビストによる「私のモチベーション」の活用

　タクティカル・アーバニズムの実践者は、ゲリラ的にアクションを開始している人が多い。それもそのはずで、彼らの多くは普段の生活の中で手に入れた個人的なフラストレーションや好奇心をモチベーションとしてまちに働きかけているのである。

　たとえば、多摩川の河川敷の橋脚に映画を投影することから始まっ

図2　多摩川の橋脚に映画を投影する「ねぶくろシネマ」
（提供：合同会社パッチワークス）

た「ねぶくろシネマ」は、合同会社パッチワークスの唐品知浩氏が抱いた「小さな子供がいても気兼ねなく映画を楽しめるような場所が欲しい」というモチベーションが起源となっている［図2］。

　また、大阪の「北浜テラス」（4章4-5）は、土佐堀川沿いの複数のビルオーナーによる「ビルから川に向かってテラスをつくればきれいな景色と心地よい風を思い切り味わうことができる」というモチベーションから始まった。

　広く知られるようになるタクティカル・アーバニズムには、必ずそれに共感し支援してくれる人の存在がある。つまり、「私のモチベーション」で勝手に開始したつもりが、いつの間にか「私たちのモチベーション」へと変化していく過程がある。一方で、他の人の共感を得られず「私のモチベーション」のままの取り組みも多く存在する。タクティカル・アーバニズムは、こうして個人的に始まる数多の小さなアクションの中から、周囲が賛成するものが育つ実験型の志向であり、私的なモチベーションを公共空間を使ってさばいてみる、というマインドを持ったプレイヤーが多いほど、まちは変化しやすいことを示唆する概念である。

　まちが私的なモチベーションをさばいてくれる空間であるという意識を育てるためのプロジェクトが、本章5-2で紹介する mi-ri meter（ミリメーター）による「URBANING_U（アーバニング・ユー）」である。URBANING_U では、「普段登らない場所に登れ」など、オーガナイザーから出されるさまざまな指示に従って行動することで、参加者は都市空間に対する既成概念を取り払い、より身近に感じられるようになる。都市空間を見る視点がアップデートされた人々は、私的なモチベーションをもとにさまざまなアクションを起こすようになる。その中のいくつかはやがて「私たちのモチベーション」になり、都市は動かされていく。

専門組織による「あなたのモチベーション」の再解釈と可視化

　私的なモチベーションを公共空間でさばいたとしても、長期的なまちの変化を志向したアクションでなければ、それはタクティカル・アーバニズムとは呼べない。他の誰かの私的なモチベーション、いわば「あ

なたのモチベーション」によるアクションが長期的な変化を志向していないとき、それをタクティカル・アーバニズムへと昇華させることができるのは、物事を都市的な視点で捉えることができるまちづくりのプロ／セミプロによる組織（以下、専門組織）である。

　「あなたのモチベーション」を活かした専門組織のアクションには2種類ある。一つは、まち全体を対象として、アノニマスなモチベーションを再解釈するもの。もう一つは、特定の地域を対象として、その地域に潜在するモチベーションを可視化させるものである。

　まちなかにおける人々の振る舞いをよく観察してみると、公共空間を魅力的な方法で活用している人は少なくない。前述した mi-ri meter は、アノニマスな人々が見せる私的な振る舞いを注意深く観察し、そこに流れているモチベーションを再解釈しデザインに落とし込んでいる。ジベタリアンの観察から生まれた「MADRIX（マドリックス）」がその例である。

　また、3章3-2で紹介した「東京ピクニッククラブ」は、ピクニックを現代的な「都市の社交」と再定義し、都市に暮らす人々の権利として「ピクニック・ライト」を主張することで、都心の公園面積の小ささや、開かれた公共空間の少なさを問題提起している。こうしたアノニマスなモチベーションの再解釈により生まれたアクションは、都市のイデオロギーに働きかけ、人々の公共空間に対するリテラシーを育てている。

　一方で、ある特定の地域の公共空間の変容を志向する場合には、地域に潜在するさまざまなモチベーションを可視化しさばける専門組織が求められる。

　本章5-3で紹介する株式会社街づくりまんぼうは、東日本大震災の被災地である宮城県石巻市で「COMMON-SHIP（コモンシップ）橋通り」を運営していた。震災直後の「石巻まちなか復興マルシェ」から「橋通りCOMMON」、そして「COMMON-SHIP橋通り」へと形態が変わる過程で、この空間でさばかれるモチベーションが、被災商店の営業再開を求めるモチベーションから、若者や移住者を中心に石巻を活気のあるまちに育てたいというモチベーションへとシフトしていき、それに合わせて公共空間もより豊かになっている。

　また、本章5-4で紹介する千葉市の住宅街の空き地を活用した
「HELLO GARDEN（ハローガーデン）」を運営する株式会社マイキーは、
HELLO GARDENを、あるときは住民が運営するカフェ、あるとき
は住民が企画するダンスフロアへと多様に変化させながら、各コンテ
ンツに対する地域の反応を経験的知識に基づき観察することで、地域
住民が欲している機能やアクティビティを明らかにしながら共感の輪
を広げている。

　二つの事例とも、専門組織が地域住民の「あなたのモチベーション」
を可視化し「私たちのモチベーション」へと発展しやすい環境をつく
ることで、まちに対して主体的にアクションを起こすことができるプ
レイヤーを育てている。

行政による「私たちのモチベーション」の交通整理

　私的なモチベーションが「私たちのモチベーション」になることで、
モチベーションがまちに与える影響は大きくなる。影響が大きくなれ
ば、当然関係者も増え、なかには反対の意見を唱える人も現れる。

　笹尾和宏の著書『PUBLIC HACK：私的に自由にまちを使う』でも
触れているように、公共空間で起きるアクティビティでは、人々は、
実践者、傍観者、管理者の3種類の立場に分かれ、立場は時と場合によっ
て入れ替わる［図3］。行政は、公共空間を自由に使う実践者とそれを抑
制する管理者、そして管理者へ抑制を促しうる傍観者、それぞれの立
場を理解した上で、建設的な議論と倫理的な判断をする必要がある。

　しかし、これは簡単なことではない。なぜなら、そのためには公共

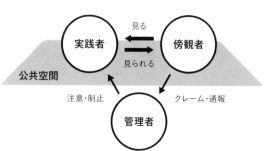

図3　公共空間のアクティビ
ティにおいて、実践者、傍観
者、管理者の立場は時と場所
によって入れ替わる
（出典：笹尾和宏『PUBLIC HACK』
より作成）

空間に関するさまざまな法的解釈や、都市マスタープランにおける地域の位置づけやその意図、土地の歴史や現在の住民の人口統計学的な情報からあぶりだされた地域性なども考慮した上で、その地域にとって適切な判断とは何かを関係者と対話を重ね見出す能力が問われるからである。

　日本の行政は、ジョブローテーションが主な障害となり、前例のない取り組みや複雑なプロジェクトに向き合うことができる専門性の高い人材が少ないという課題がある。

　そんな状況においても、高い専門性と情熱を持った職員がいたことで成功している事例が存在する。たとえば4章4-7で紹介している東京・池袋のグリーン大通りの社会実験は、豊島区都市計画課職員の山中佑太氏が、グリーン大通り沿道の100近いビルオーナーをはじめとするさまざまなステークホルダーとの調整役として活躍したことが成功の大きな要因となっている。

　このように行政職員は、タクティカル・アーバニズムを仕掛けるアクティビストや専門組織のプロジェクトの価値を理解し、庁内やまちのステークホルダー間の調整をし、プロジェクトが円滑に進むためのパスをつくることができる行政推進者（Political Champion）となることが求められる。行政推進者が民間側のプレイヤーのレベルを判断し、プレイヤー自身が自らの力でまちを変えていくことができるような地盤を整えることで、まちの変化を志向するモチベーションは持続可能な成長を見せるだろう。そして行政組織は、このような行政推進者が生まれやすい環境を整えることが、まちを豊かにするうえで必要不可欠である。

モチベーションが循環し成長するまちへ

　デンマークの政治学者のヘンリク・ポール・バン、エヴァ・セーレンセンは、コペンハーゲンでのまちづくりの研究[1]から、良い地域コミュニティには社会関係資本のほかに政治関係資本が存在していると説明している ［図4］。社会関係資本が同じ価値観を共有する者同士のつながりに焦点を当てているのに対し、政治関係資本は異なった価値観

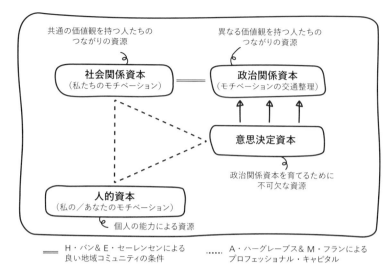

図4 タクティカル・アーバニズムが成功するコミュニティの資本の関係とモチベーションの関係

を持つ者同士のつながりに焦点を当てており、紛争を抑制し関係を調整できる文化的資源のことを指すという。

　一方で、教育学者のアンディ・ハーグレーブス、マイケル・フランは著書『プロフェッショナル・キャピタル』のなかで、組織の専門性（プロフェッショナル・キャピタル）を担保するのは、個人の能力による人的資本（ヒューマン・キャピタル）、人間関係の豊かさによる社会関係資本（ソーシャル・キャピタル）に、意思決定資本（ディシジョナル・キャピタル）を加えた三つの資源であると述べている［**図4**］。

　意思決定資本は、個人やコミュニティが現場で遭遇するさまざまな機会で導き出してきた判断、合意形成といった意思決定の経験の蓄積や能力による資源で、時間軸を伴うという。前者の政治関係資本と後者の意思決定資本は密接な関係にあり、地域というさまざまな価値観を持つ人によって構成されたコミュニティが豊かな政治関係資本を有するためには、豊かな意思決定資本が不可欠といえるだろう。意思決定資本が豊かな地域で取り組むタクティカル・アーバニズムは、人的資本である「私のモチベーション」が社会関係資本によって「私たちのモチベーション」になり、モチベーション同士が調整されることで、長期的なまちの変化をもたらすことができるのである。

意思決定資本を育てるためには、自分たちのことを自分たちで決める機会にたくさん遭遇し、経験を積みながら能力を向上させなければならない。そこで重要な役割を果たしうるのも、またタクティカル・アーバニズムである。より多くの私的なモチベーションが公共空間で表現されるようになれば、必ずそこにモチベーション同士の摩擦が生まれ、その地域において最も適切な答えを導き出すための対話が求められることになる。つまりタクティカル・アーバニズムは、コミュニティの意思決定資本を育てるための学習的な志向といえる。まちに無数に表出する私的なモチベーションたちは、たとえ長期的なまちの変化に直接つながらなかったとしても、コミュニティの意思決定資本を育てるための大切な栄養素となり、それがやがて長期的なまちの変化へとつながるだろう。

注
1　Henrik Paul Bang & Eva Sørensen, Everyday Maker: A New Challenge to Democratic Governance（日常調整役：民主的ガバナンスへの新たな課題）, Administrative Theory & Praxis, 1999

矢野拓洋 （やの・たくみ）

東京都立大学大学院都市政策科学域博士後期課程／一般社団法人ソトノバ・パートナー／一般社団法人IFAS 共同代表／ JAS 実行委員会代表／シティラボ東京コミュニケーター。1988 年生まれ。バース大学大学院建築・土木工学部建築工学修士課程修了。2017 年より現職。専門は参加型まちづくり。

URBANING_U（東京）：
個人ができる小さな都市計画

笠置秀紀　　　　|　　　　宮口明子

URBANING_U の指示の一つ「普段登らない場所に登りなさい」

理想の公共空間が生まれるプロセス

　理想の公共空間を考えてみると、1人1人が居心地のよい場所を、自分自身でつくれることではないだろうか。誰かに用意されなくても、森の切り株や岩に腰をかけるように、人々が思い思いの居場所を見出して過ごす。場所を用意する計画者の立場なら、人々の自然な行動をすくいあげるような計画ができないだろうか。都市を丹念に観察していると、人々の行動の中に来たるべき都市の兆候が見えてくる。私たちは2000年よりこんなふうに都市を見ながら実践を続けてきた。

　この実践は、タクティカル・アーバニズムが2000年代初頭から成長してきた過程と重なるところが大きいと実感している。

　私たちなりに整理してみると、第一段階として、まちの人々の行動やユニークな使い方が都市の兆候、潜在的なニーズとして現れる。これは、新しいメディアや景気、災害など社会的に大きなインパクトのある要素が少なからず影響している。第二段階として、兆候をアートプロジェクトやゲリラ的な実験を通して顕在化させる。このときに関わる人々は少なくても構わない。第三段階として、これを社会に実装していく。社会実験などもこれに当たる。この段階では多数の参加者や関係者との調整が必要になってくる。

　そして現在取り組んでいるのが、第三段階と並行した第四段階として、社会への実装時に、第一〜第二段階の萌芽期にあった個人の行動の背景や感性を関係者で共有する試みだ。

　以上のような個人から始まる都市のつくり方を、20年あまりの私たちの実践を振り返りながら概観したい。

第一段階：公共空間に座る人たち

　2000年前後に「ジベタリアン」という言葉をメディアで見かけるようになった。「ジベタリアン」とは、街の路上で「地べた」に座る若者を指して、菜食主義者を意味する「ベジタリアン」とかけあわせた造語である［図1］。「最近の若者は足腰が弱いから疲れてすぐ座ってしまう」というような若者論として批判する論調が大半を占めていた。

図1 路上に座る若者たち

私たちが mi-ri meter（ミリメーター）としての活動を始めた時期とも重なる。20代であった私たちも「ジベタリアン」の一員であったのだ。

　当時批判されていた地べたに座る行為と似たような事例として、電車内における携帯電話の通話問題が挙げられる。家にあるはずの電話がパーソナル化して持ち歩けるようになったことで、プライベートの会話がパブリックに溢れ出した。公私の規範のずれが感覚や文化にまで波及したことは、公共空間の規範にも自ずと影響を与える。かつて自動車の出現が20世紀の都市を大きく変えたように、21世紀は小さなプロダクトによって、都市が大きく変容する可能性を見出したのだ。

第二段階：タクティカル・アーバニズム前夜

　渋谷をリサーチしていると、センター街の路上で七色のレジャーシートに座る数人の女子高生を目にした。彼女らはワイワイと携帯電話を片手にプリクラを交換しながら、友達同士で楽しそうにその場を自分たちのものにしていた。おそらく彼女らの自宅のリビングルームよりもリビングルームらしい空間がレジャーシート1枚でつくられていた。建築を学んできた私たちにとっては非常に羨ましく悔しく、かつ納得した状況が路上にあったのだ。

　一方で賃貸住宅の情報を眺めると、そこにはどこの地域でも同じ間取りのワンルームアパートが大量に貸し出されていた。人々が日常を過ごすはずの住宅がどれも同じ窮屈な環境に閉じ込められている。

　そのような皮肉な住宅の状況と、センター街の女子高生たちのレ

ジャーシートからヒントを得て 2000 年に発表したのが「MADRIX（マドリックス）」**図2** というプロダクトだ。白いビニールシートに間取りをプリントし販売した。建築や都市空間は、土地に固定され基本的に一品モノであるが、プロダクトとして大量に市場に出回れば、確実に公共空間の使われ方は変化するだろうと考えたのだ。白いビニールシートの上に 1/2 スケールで描かれた間取りの線は、2 次元であるにもかかわらず、見えない壁が立ち現れているようだった。路上で 1 週間ほど展示をしたが、足を踏み入れる体験者は不思議と玄関部分で靴を脱ぎくつろいだ。

　その頃はまだタクティカル・アーバニズムという言葉は使われていなかったが、その芽生えとなるゲリラ的なプロジェクトが、現代美術やストリートアートの中に散見されるようになった時期と重なる。たとえば路上の駐車スペースに人工芝を敷き、一時的な公園をつくってしまう「Park (ing)（パーキング）」(2005 年）などは私たちの MADRIX とも似通った、シート 1 枚で始める小さな都市計画と言える。このようなプロジェクトが全世界で同時多発的に生まれていた時期でもあった。いずれも小規模な実験だが、インターネットなどを通して世界中で知られるようになっていた。「Park (ing)」は参加型のイベント「Park (ing)Day(パーキングデー)」となり、やがて店舗前の歩道を拡張する「Parklet（パークレット）」へと制度やシステムを変え、都市に実装されていくこととなる。

第三段階：社会への実験・実装と課題

　その後、プレイスメイキング、タクティカル・アーバニズムの潮流が日本においても都市政策として実装されるようになった。

　2014 年に私たちが設立した「小さな都市計画」という法人では、「SHINJUKU STREET SEATS（新宿ストリートシーツ）」[*1] **図3**、「DOGEN-ZAKA URBAN GARDEN（道玄坂アーバンガーデン）」[*2]、「PUBLIC LIFE KASHIWA（パブリックライフカシワ）」[*3]（3 章 3-5）といった公共空間での社会実験に設計・デザインで関わってきた。

　こうしたプロジェクトでは、私たちがこれまで観察してきた人々の行動をなるべく自然な形で実現すること、これまで感じていた都市へ

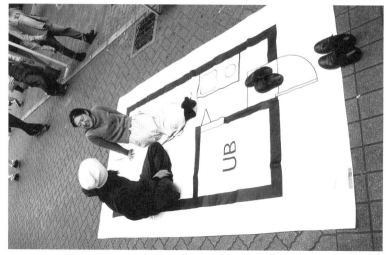

図2 渋谷の路上に広げた MADRIX

図3 SHINJUKU STREET SEATS

の感覚を追体験できるような装置とすることを目指した。具体的には、寝転がることで普段目にすることのないまちの空を眺めたり、開放的な公共空間に囲われたプライベートなスペースを生み出すことだ。

　結果的に理解ある発注者に恵まれたことで、一定の成果を出せたものの、広範囲の関係者に根本的なビジョンが伝わったかというと、あと一歩、理解してもらえないということも少なくなかった。

第四段階：都市に肉薄し実感すること

　前述の通り、社会実験などで関係者が多く関わるようになると、プロジェクトで設置されたものが表立つことで、背後の文脈が見えなくなっていく。理想としてきた、森で腰掛けるような自由さは、いつの間にか違うものになってしまったようにも見える。過渡期としては致し方ないとしても、実験と同時に個人の行動の背景や感性を関係者で共有すること、再び個人の視点を立て直すことが必要だと考えた。

　そこで第三段階と同時期に始めたのが「URBANING_U（アーバニング・ユー）」（2017年）というワークショップ・プログラムだ。現在進行形の都市を観察し行動することを、都市を意味する「URBAN」に現在分詞「-ing」をつけ「URBANING（アーバニング）」と呼んで活動を行ってきた。「U」は「yourself」＝「あなた自身の都市」や「use」＝「都市の使い方」も意味するが、「university」＝「都市の大学」すなわち「教育」のような意味も大きく込めていた。

　URBANING_Uのプログラムは、2日間にわたって泊り込みで雑居ビルの屋上などで行う場合や、半日のみで行う場合もある。十数名の参加者は私たちが用意した拠点に集合する。その後、順次繰り出される指示に従って、参加者は拠点周辺（半径500m〜1km程度）の都市空間に散らばり行動する［p.202 写真］。その後、拠点に戻り各々が体験した状況の画像や感覚を共有するのだ。指示の一例には以下のようなものがある。

- まちが小さくなるまで歩き続けなさい。
- 普段登らない場所に登りなさい。普段通らない場所を通りなさい。
- あなたの「定点」を決めなさい。
- 銭湯へ行き、いつものパジャマに着替えなさい。
- 定点でくつろいだり、掃除したりしなさい。
- 自分の持ち物をまちにそっと置いてきなさい。

　特徴的なのは、参加者が1人でまちを歩いた上で、気になった場所を定める「定点」というものだ。「定点」において参加者はその後もさまざまな指示を遂行しなければならない。そのプロセスの中で参加者は、自分にとって何も関係がなかったまちのとある場所＝定点との

関係性を深め、特別な場所として捉える体験をするのだ。

　このようなプログラムは、私たちがこれまで行ってきたリサーチや
フィールドワークなどの経験から、どのようにまちを読み、場所で過
ごし、新たな場所の見方や読み方を発見するかという技法を利用して
いる。また1960年代の前衛集団「シチュアシオニスト」や、ワークショッ
プの始祖と呼ばれるランドスケープアーキテクト、ローレンス・ハル
プリンの技法も取り入れながらプログラムを設計している。

　このプログラムの目的は、ある定型フォーマットを使って実験する
のではなく、目の前に広がる都市をただ丹念に見つめ直すことにより、
今まで気づかなかった、本来都市が持っている空間の豊かさを享受し、
新たな視点でプロジェクトを立ち上げることだ。たとえば「Park（ing）」
のようなプロジェクトも、使われていない路上駐車場を発見したこと
で価値を捉え直す大きなムーブメントにつながった。結果的に、計画
者も関係者もユーザーも、個人の視点から都市のリテラシーを醸成す
ることで、新たな兆候や理想を見出すことが狙いなのだ。

　URBANING_U はすでに年間数回実施し、当初は都市に興味のあ
る学生や編集者、アート関連の参加者が多くを占めていたが、近年は
まちづくり団体や鉄道会社、建設会社などの企業からも招聘され、拡
がりを見せている。

都市を変える個人を生み出す土壌を豊かにする

　今後は、第四段階で目指している感性の共有の輪をもとに、新たに
都市にプロジェクトを投げかけるプログラムを実施したい。さらにタ
クティカル・アーバニズムが定着するには第二段階と第三段階の間を
きめ細やかなグラデーションで架橋するような、小規模で繰り返す中
間的な実験を、丹念に続けていくことも重要である。その際には当事
者を広げすぎないことが必要かもしれない。理由は二つある。

　一つは、前述の通り、個人の行動の背景と感性を共有することが重
要であるためだ。実は当事者を広げると、まちのスケール程度では当
事者の思惑が錯綜し部分最適となってしまうのだ。もっと広い社会背
景や時代の感性を読み解かないと全体最適にはならない。矛盾するよ

うだが、少人数の方がうまく回る。

　もう一つは、当事者を見えない世間のプレッシャーから開放するためだ。実験だから前例がないことは当たり前だ。にもかかわらず、失敗をしないためにプロジェクトが大げさになり、せっかくの柔軟性や自由度が減ってしまうのだ。そのためにも適切な規模をチューニングしていくことが重要である。これが継続と結果を生み出す秘訣だ。

　そしてなかなか結果が見えないことも現状の課題であろう。量（数字）が一番見えやすい結果であるのは当然なのだが、時代は量から質の時代にとっくに変わっている。人口減少時代に人の量を競う「賑わい」はふさわしくない。その場所に訪れた人や日常的に過ごす人の体験の質を高めることに価値を見出さなければならない。体験の質を生み出すことが、結果的にまちにとどまる人を短期的にも長期的にも増やす。

　そして体験の質＝価値をつくりだすことは時間がかかることを、関係者間で共有しなければならない。つくりだした場や状況の変化に対して当事者や利用者の実感は確実にある。しかし、実感という質の結果は大変評価しにくい。こうした体験の質の評価をさまざまな分野の専門家とも協働して開発し伝えていくことが必要だ。

　都市の見方を変え、その評価基準も変えていく。個人と小さな集団の活動を適正な規模でチューニングしていく。森で腰掛けるような自由さを取り戻すことで、都市を変える個人を生み出す土壌を豊かにしていきたい。

注
1　2017年から実施。主催：新宿駅東口地区歩行者環境改善協議会。コンサルティング：株式会社オリエンタルコンサルタンツ。
2　2017年に実施。プロジェクトマネージャー：株式会社ロフトワーク。パートナー：株式会社小さな都市計画、河ノ剛史、慶應義塾大学石川初研究室、渋谷道玄坂青年会、東急株式会社。
3　2018年から実施。主催：一般社団法人柏アーバンデザインセンター（UDC2）。協力：柏市、一般財団法人柏市まちづくり公社。

笠置秀紀（かさぎ・ひでのり）
宮口明子（みやぐち・あきこ）
mi-ri meter（ミリメーター）共同主宰。ともに日本大学芸術学部美術学科住空間デザインコース修了。2000年 mi-ri meter の活動を開始。2014年株式会社小さな都市計画を設立。ミクロな視点と横断的な戦術で都市空間のプロジェクトに取り組む。主な活動に「URBANING_U」「清澄白河現在資料館」など。

橋通りCOMMON（石巻）： 都市の共有化をローカライズする

苅谷智大

橋通り COMMON 全景。前面は歩行者天国
(©Furusato Hiromi)

ローカルで生まれる新たな価値観

　石巻といえば、最大の被災地と思い起こす方が多いであろう。2011年に発生した東日本大震災によって壊滅的な被害を受けた宮城県石巻市は、多くの人的・金銭的・精神的支援を受け、この10年間復旧・復興に向けた取り組みを、行政・民間の両サイドから強力に進めてきた。行政サイドでは、国をはじめ、他自治体からの応援職員の出向があり、最大で震災前のおよそ4倍もの予算規模の業務を処理していった。民間サイドでは、個人・団体を問わず数多くの災害ボランティアが訪れ、泥かきから住民の生活支援、まちづくり支援、震災伝承とフェーズによって内容を変化させながら行政では行き届かない事業を展開していった。一方で、震災によって住まいや仕事を失った人、顕在化した災害リスクから石巻を離れ（ざるをえなかっ）た人も多い。

　このように、石巻では震災を機にこれまで経験したことのないほど多くの人の出入りが生じた。ダイナミックな人の移動は、典型的な地方都市の石巻に、さまざまな新たな価値観を生みつつある。それは、グローバルからローカルへ、資本主義から価値主義へ、公から民（協働）へ、個から共へという大きな潮流の中にありながらも、地方都市独特の政治・文化・歴史を背景に独自にカスタマイズされていった価値観である。そして、この新たな価値観の創出は被災地の復旧にとどまらず、震災前から石巻が抱える地域課題を解決に導く萌芽に見える。

　その価値観の一つが、「共有化（コモンズ）」だと考える。コモンズについては、すでに多くの研究や実践が報告されており、元来、地方では里山や入会地などにおいて形成されてきた。広く捉えれば商店街という場も一種のコモンズであり、そこではさまざまな秩序が形成されてきた。震災後、大量の人々が行き交う地方都市で、改めてこの概念が再生成され、空間としてデザインされるとき、そのプロセスや運営体制は、都会のそれや従来のそれとは異なるものとして表れる。

橋通り COMMON から生まれたもの

　本稿で紹介するのは 2015 年にオープンした「橋通り COMMON

（コモン）」というチャレンジショップである［**p.210 写真**］。震災を機に災害ボランティアなどで石巻を訪れた若者や石巻に戻ってきた人たちが、飲食店を起業するにあたり「修行する」ための屋台村として、筆者の所属するまちづくり会社・街づくりまんぼうによって土地を賃借・整備された［**図1**］。

　空間的には、震災後急増した空き地の活用を図ることで、空洞化した中心市街地に賑わいを生むという目的があった。単なる屋台村ではなく、そこに老若男女が集い、語らい楽しむ。誰かの場所ではない、自分たちの場所として認識してもらいたいという願いから、敷地が面する「橋通り」に「コモン」と付した。企画時期が、東京・南青山の「246COMMON」（当時。3章3-4）が第一フェーズを終えるタイミングと重なり、縁あって246COMMONで使用していた車両型コンテナをすべて無償で戴けることとなった。「石巻にもこのような場所をつくりたい」という企画者の思いと、246COMMONへのオマージュも込められている。民有地における商業施設ではあるが、誰でも好きに出入りでき、自由に利用できる場という性格から、パブリックスペースという認識のもと運営されていた。

　およそ5年の運営を経て、延べ18店舗が出店し、うち6店舗が卒業して石巻市内の空き店舗を改修し新店舗を構えている。コモンに

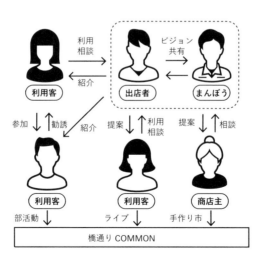

図1　橋通りCOMMON の連携体制

は 2020 年 11 月時点で 5 店舗が出店しており、これまでに延べ 10 万人が訪れた。

　2015 年にオープンした橋通り COMMON は、当初「ボランティアの溜まり場」と揶揄されながらも徐々に利用者を増やしていった。敷地（760㎡）には路地裏をイメージし無造作に十数台のコンテナが置かれた。コンテナには厨房スペースしかなく基本的にテイクアウト形式となるため、利用者は屋外に置かれた椅子やテーブルを自由に選び、買った商品を食べる。大型のテントを 2 張り設けたが、天候の影響を大きく受けるため、特に冬季の集客には苦戦した。そのため、「どうにかしてお客さんを呼ぼう」と出店者らと知恵を絞り、石巻の食材を使ったイベントや、地元のアマチュアバンドにお願いをして音楽ライブなどを頻繁に開催した [図2]。

　そこからである。「ハンドメイドのアクセサリーをつくっている人たちが売る場所を探している。コモンでイベント出店できない？」「機材を貸してくれる人がいる。お願いしてみる？」「子供の遊び場をつくりたいんだけどコモンでできない？」といった話が寄せられるようになった。もちろん、たくさんではない。そういった話は、極力すべて受けるようにした。そうした話は出店者がつないでくれることが多く、責任者である筆者も知らないうちに話が進んでいるということも幾度となくあった。

共感によって広がるファンとネットワーク

　オープンからしばらくして、それぞれの店舗にはファンがついた。そういったファンが、店の困り事、コモンの困り事を一緒に考え、力になってくれるようになった。当然、店によってファンの数も層も異なる。どうしてこの店にはファンがついて、この店にはファンがつかないのか。店主たちと触れあうなかで、「将来石巻でこれを成し遂げたい」というビジョンや思いを持っている店にはおのずとファンがつく、という傾向を感じた。当然、美味しい料理を手頃な価格で提供する店にも多くのお客さんが集まる。しかし、彼らはその店のファンではない。その商品の価値が損なわれたとき、客は店を離れるだろう。しかし、その店のファンであった場合、簡単には離れない。むしろ「ど

図2　夜の橋通り COMMON の風景。機材を持ち込んでゲリラ DJ

図3　地元アーティストによる
ライブ

図4　面する橋通りを歩行者
天国にしてオープンしたコモン
パーク

うして味が落ちた？」「こうしたらどうだ？」と助け舟を出してくれる。店が掲げるビジョンとは石巻へのコミットメントを示すものである。そして、そのビジョンに対し店主がどのようなアクションを起こしているか、その姿がビジョンとリンクしていればいるほど「共感」する人がファンとなり、利用し、支えるのである。

コモンでは店舗の運営と並行して多くのイベントを開催してきたが、前述のように、それらは店舗をハブにつながったファンによって持ち込まれたり、広がったものがいくつもある。ファンの中には、定期的にコモンで音楽ライブを行ってくれる人がいる［図3］。演奏者を集め、チラシを配り、人を集め、機材を準備し、当日のオペレーションまでこなす。子供の遊び場をつくるため、場所を整え、遊び道具を準備し、子供たちに声をかける人たちがいる。音楽でまちを盛り上げたい、子供たちを楽しませたい、そうした地域へのコミットメントを原動力にさまざまなアクションを起こしていく人たちが現れた。

コモンは2017年に冬季用の設えを強化するため、「COMMON-SHIP（コモンシップ）橋通り」としてリニューアルをしたが、その際、新たな取り組みを提案する声がファンから挙がった。「部活動」という取り組みだ。2名以上であれば自由に設立でき、趣味でも仕事の延長でも好きなことを仲間と楽しむことができる。「サードプレイス」をつくっていこうという呼びかけだ。

終了までに15の部活動が設立され、年に2回、「コモンフェス」として、それぞれの活動を発表し部活動同士の交流の機会を設けてきた。さまざまな企画はコモンの敷地にとどまらず、面する道路にまで及び、定期的に歩行者天国にしたイベントとして開催するまでに至っている［図4］。道路では、1日限定の店が出店したり、音楽や伝統芸能を披露するステージになったり、子供の遊び場となることもあるが、その一つ一つの取り組みからは地域へのコミットメントを感じとれる。それがまた共感を広げていくのである。

変化と共感を生み出す「変わり者」

地方都市は課題で溢れている。ましてや被災地は、課題しかないと

いっても過言ではないほどだ。震災による直接的な課題に加え、震災により顕在化した課題（社会サービスの偏在、市街地の空隙、人口の流出等）が多くある。そういった課題やそれらに対し動き出せない環境が、ある人にとっては苦痛や不安となり、その地を離れる要因となる。

　一方で、課題に蝕まれていく地を憂い、事業を企てる人もいる。使命感ではなく、自身の成長の好機と捉え（もちろん地域への何らかの貢献を意識している）、そういった課題に果敢に挑もうとする人もいる。そうした「変わり者」が地方都市に変化を起こしていく。前述したようなファンが多くつくコモンの店や、いろいろな人を巻き込みイベントを企画できる人が、まさにそうである。そして、そういった変わり者たちに多くの人が共感し、支え、ネットワークを広げ、また次の変わり者へとつながっていく。

　都市に生きたパブリックスペースをつくる取り組みが全国で試みられている。それは、経済成長の過程で肥大化した「公」から「私」を取り戻すアクションに始まり、その「私」をつなぎ生まれる「共」により都市全体をアップデートしようとする戦略である。この都市を「共有化」していくプロセスを地域に落とし込もうと試みたのが、石巻・橋通りのコモンであった。

　パブリックスペースを運営していくとき、必ずと言っていいほど問題として挙げられるのがプレイヤー不足。プレイヤーは普段見えないところにいる。義理人情で集めるのも手だが、持続的な関わりを求めるとなるとなかなか難しい。コモンでは、「変わり者」がつくりだす「共感」によって多くのプレイヤー（ファン）を集めることができた。無論、変わり者自体も強力なプレイヤーである。これは石巻に限らない有効な手立てだと考える。

多様な人がチャレンジできる土壌づくり

　地方都市は課題で溢れているが、顔の見える関係が広がっている分、課題へのアプローチは都会に比べれば容易である。しかし、当たり前ながら簡単には解決しない。石に穴を開けるほどの執念と、あらゆる方向から打ち込むアイデアの多様さが求められる。すなわち、あらゆる人が

チャレンジできる環境と、それが個としても全体としても一定程度持続できる環境をつくっていかなければならない。パブリックスペースには、そういった新たな試みを受け入れ、広げていく余白がもともとある。そこでは、新たな試みに対する寛容性とエンパワーメントが必要である。

　当初、コモンでは運営に関して細かなルールを設けなかった。そのおかげで、いろいろな新しい取り組みが生まれていったが、商品調整、騒音、トイレの管理などずいぶんと大変なこともあった。その都度改善策を店舗や周辺住民らと協議することで互いの考えを知り、これはやってはいけないとか、ここまでであれば大丈夫という風にお互いに諒解しあってきた。それでもやはり店舗それぞれの営業スタイルや考え方の違いによる摩擦、近隣住民とのトラブルは生じる。そのような場合はコモンの意義（自利だけでなく他利をも重んじる）、ここに出店する目的（新規出店を目指す場所）を再度確認・共有することで判断を仰ぎ秩序を保ってきた。

　パブリックスペースのような多様な考えや思想を持つ人々が関わる場所で、なおかつそこでの排除を極力避けて新たな試みが生まれる土壌をつくるためには、何のためにこの場を運営するのか、そのビジョンが明確であることが大変重要である。もちろんこれは、関わる人たちへの共感にもつながっていく。逆に、ビジョンが明確でなく共有されていないと、たとえルールを設けてもいたちごっことなり、いつまでも新しい試みは生まれない。

　橋通りのコモンは2020年11月に終了期限を迎えた。新型コロナウイルス感染症によって先が見通せない状況が続いている。さまざまなコミュニケーションツールの進展とも相まって、社会生活の個別化は一層加速していくだろう。今一度、パブリックスペースのあり方やコミュニケーションの根幹が問われるであろうが、本稿で記したような地方都市おけるパブリックスペースを生成する上で欠かせない他者への共感や理解は、直接的なコミュニケーションを介してのみ生まれるものだと信じたい。

苅谷智大（かりや・ともひろ）

株式会社街づくりまんぼう まちづくり事業部課長。1985年生まれ。東北大学大学院工学研究科都市・建築学専攻博士課程修了。博士（工学）。2015年街づくりまんぼう入社。石巻の中心市街地活性化・復興まちづくりを担い、2015 - 2020年「橋通りCOMMON」「COMMON-SHIP橋通り」の事務局を務める。

HELLO GARDEN（千葉）：
暮らしをアップデートする実験広場

西山芽衣

住宅街の空き地に屋外家具や植物を設えた HELLO GARDEN

できることから始めてみる

　都市計画やまちづくりの最終的な目標は、そこに暮らす人々の毎日を今よりももっと幸せなものにすることである。大学の建築学科を卒業し、まちづくりの企画を行う会社に就職したときから、私はそう考えている。そのために欠かせないのは、まちの人々の暮らしを深く知ることと、新しく必要なものを考えること。しかし、人々の暮らしはまちを眺めるだけでは掴みきれないし、暮らしやそれを取り巻く環境は日々変わっていく。それなのにどうして、ある時点で一つの正解を決めて計画をし、大きなお金を投資して、後から変更不可能なものをつくることができるのだろうか。それがずっと不思議だったし、経験や知識のない若造の私はそのプロセスに関わることが正直怖かった。何をしたらどんな変化が起きるのか、実験できたらいいのに。

　そんなことを感じながら、千葉市稲毛区にある西千葉エリアの地域活性化プロジェクトを担当していた。このまちは戸建て住宅や中層マンション、学生向けアパートが立ち並ぶ閑静な住宅街だ。このプロジェクトは個人がクライアントで、地元である千葉への貢献が目的で始まった。当時は具体的な敷地もなく、「地域をより元気にしたい」という想い以外はまだまだ模索中だった。

図1　オープンしたばかりの HELLO GARDEN。大学などから譲り受けた椅子などを並べ、どんなことをやろうか、まちの人たちと会議中

　あるとき、西千葉でクライアントが小さな土地を取得した。民家に隣接し通り向かいには小さな公園がある、100坪ほどの土地だ。普通は、はじめに企画を立て、設計をし、工事をするというプロセスを踏むが、これでは使い始めるまでにしばらく時間がかかる。せっかく土地があるのに、このままにしておくのはもったいない。そこで、まちのリサーチと未来の計画、まちの人々との関係性づくりそのものをプロジェクト化できないかと考えた。今後の取り組みのヒントを探すために、まずは空き地でできることを始めてみよう。場づくりの新しいプロセスの実験である。そう意気込んで、まったく手を入れていない空き地に「HELLO GARDEN（ハローガーデン）」と名前をつけ、まちにオープンの告知を出した。2014年4月、こうして私たちの挑戦は始まった[**図1**]。

　コンセプトは「新しい暮らしの実験広場」。心地よい暮らしとは何かを1人1人が考えるきっかけと、それぞれが試行錯誤し、暮らしをアップデートするためのしくみをつくることで、このまちの人たちの暮らしがより豊かになることを目指す。

　西千葉は東京のベッドタウンという側面が色濃い、「住む」という機能が中心のまちだが、「暮らし」には「住む」以外にも「食べる」「働く」「学ぶ」「遊ぶ」など、もっとたくさんの要素が含まれる。HELLO GARDENとは、今の暮らしに足りないものは何か、それらをどうすれば自分の手で暮らしの中につくっていけるのか、1人1人の小さな試行錯誤（＝実験）が許容されるプラットフォームなのである。

実験広場をアップデート

　最初の2年は、とにかく空き地のままでできることをやってみた。食に関心が高い人たちとは土を耕して野菜やハーブの種を蒔き、ファミリー層とは週末の遊び場づくりとして持ち寄りピクニックイベントを開き、学生たちとはDJイベントや音楽演奏会を開催した。面白がって参加してくれる人もたくさんいたけれど、まちとの関係性づくりは想像以上に苦労した。

　住宅街の一角に突如出現した謎の丸裸の空き地に対して、まちの人々の反応はだいたい次の3パターンに分かれた。①「なんだかわか

らないし何もないけれど、だからこそなんでもできそう」と好奇心を持って入ってくる、②「なんだかよくわからなくて、怖い」と怪訝な目で遠巻きから見ている、③まったくの無関心。怖がる人にいくら言葉で説明をしても、公園でもなくコミュニティ菜園でもなくカフェでもない、既存の概念に当てはまらないこの場所を理解してもらうのは難しかった。人々の関心を引き、安心して入ってきてもらうのには、見た目が少々ワイルドすぎて説得力がなかったのだ。

そこで、「実験広場のアップデート」に着手。もともと不格好な起伏のあった地面を近所の人に借りたパワーショベルを操縦して改造し、草木の苗も植え、いくつかの屋外家具をつくった [p.218 写真]。こうして、空き地だった姿からほどよく設えられた空間にアップデートが完了した [図2]。

これを機に、スタッフが常駐しドリンクや軽食も提供するスタイルに変更し、イベントの数や種類も増やした。次第にこの場所を暮らしの中の一部として活用してくれる人も増えていった。ママさんたちのお茶会会場、年配の人々の寄り合い所、子供たちが思い切り遊ぶ公園、ノマドワーカーのオフィス、小さな店が立ち並ぶマーケット、DJが音楽を流すナイトクラブと、コロコロと表情を変えるこの場所は、ますます定義が難しくなっているが、さまざまな人がそれぞれのスタイルでこの場を使いこなす、その振る舞いがまちへの発信となり、次第に「よくわからないけど、必要な場所」と捉えてもらえるようになった。

まちのプレイヤーを育てる

HELLO GARDEN に関わる人にはいくつかレイヤーがある。

まずは HELLO GARDEN というプラットフォームを開発・維持管理・更新する人々の層だ。これは運営チームとサポーターの仲間たちである。サポーターは、募集によって集まった人々もいれば、気づいたときには自然とそうなっていた人もいる。訪れる人たちとのコミュニケーション、場の清掃や植物への水やり、トラブルが起こっていないかのパトロール、広報、そして場のルールのアップデートなどを行う。学生スタッフ、園芸好きのママさんたち、近所のおじいちゃんたち、

図2　アップデートが完了した HELLO GARDEN。菜園スペースと多目的スペースに分けてゾーニングした

　放課後の小学生などがそれぞれのペースで関わってくれている。地域のために何か活動をしたい、もしくは HELLO GARDEN の活動に共感しているので関わりたい、というのが彼らのモチベーションだ。

　次に、HELLO GARDEN のコンテンツを開発する人々の層だ。屋外喫茶や小さな図書館、マーケット、古本市、音楽イベント、ワークショップなど、いろいろなコンテンツがあり、種類も目的もさまざまだ[図3]。運営チームが開発者になることもあれば、まちの人が開発者になることもあり、ときには共同開発することもある。

　そして、開発したそれぞれのコンテンツに参加するユーザーの層がいる。参加したユーザーは、あるテーマについての技術や知識を習得したり、今まで自分だけではできなかったことができるようになったりする。

　たとえば、「HELLO MARKET」というイベントは、「働く」ということについてまちの人々から個々に相談を受けていたことをきっかけに運営チームが開発したコンテンツだ[図4]。いろんな事情で「勤める」という働き方が暮らしにフィットしない人たちが、自分で仕事を生み出す「小商い」という働き方を実験するためのマーケットである。

　このコンテンツに参加するユーザー（＝出店者）は、HELLO MARKETを通じて小商いのある暮らしを体験し、それを自分の暮らしに取り入

図3　まちの人がコンテンツ開発者となった「西千葉一箱古本市」。1日限りの小さな古本屋の店主として参加することで、自分の好きな世界を表現したり、共通の興味の人に出会ったりできる場だ

図4　HELLO MARKET の様子。主婦、会社員、学生など、多様なバックグラウンドの人が出店し、「小商い」を習得する実験にチャレンジしている。最近では出店者が増え、隣の公園も借りて開催している

れていくためのスキルを習得していく。小商い初心者の参加者がチャレンジしやすい環境や、継続的に出店することでスキルアップしていけるような細やかなサポートが、しくみとして用意されている。

　ここで実験を繰り返したユーザーは、他の場所へ出店したり、オンラインでの商いを始めたり、自分の店を開業したり、他のコンテンツの開発者になったり、自分の理想の暮らしに合わせて活動の場を変えていく。ユーザーの個々の実験の副産物として、まちにマーケットという賑わいと利便性が生まれるのであって、私たちの目的は賑わいをつくることではないのだ。

　私はまちで暮らす人みんなが「まちのプレイヤー」だと思っている。「暮らす」というのは、居住しているだけでなく、働いたり、学んだり、遊んだり、日常をそこで過ごしているという意味だ。自分の暮らしに能動的な人を増やすことが「まちのプレイヤーを育てる」ということではないだろうか。1人1人が暮らしに向き合い小さな変革を起こすことで、その集合体としてのまちが変わっていく。そしてそれは必ずしもまち中で目立つアクションを起こすこととは限らない。だからこそ、私たちは「どれだけたくさんの人が集まって賑わったか」よりも「○○さんの明日がよりよいものになるきっかけをつくれたか」をとても大事にしている。

コンテンツ開発が暮らしに多様性を生む

　コンテンツ開発こそがHELLO GARDENの活動の肝だと考えている。ユーザーがやってみたくても1人ではできなかったことをできるようにするしくみをつくり、自分の手で自分の暮らしを変えていく体験を生み出す。失敗もOK、むしろ大歓迎で、失敗から学び再チャレンジするということも暮らしに大事なスキルだ。知識やスキルを実体験をもって習得し、学び方を身につけた人は、HELLO GARDENだけでなく、それぞれの場所で自分の暮らしを変えていく実験を続けていけるだろう。

　幸せの形や抱えている課題は本当に人それぞれだ。HELLO GARDENが特定の誰かにとって楽しく過ごせるだけでなく、まちを変えていく活動であるためには、さまざまな人が暮らしをアップデートできるコンテンツを開発するしくみをつくる必要がある。そのためには

ユーザーを増やすだけでなく、コンテンツ開発に関わる人をもっと増やしていくことが今の課題だ。そういう意味では HELLO GARDEN というプラットフォームのアップデートがまだまだ必要だ。また、HELLO GARDEN 以外にも、ここで開発されたコンテンツを受け入れられるプラットフォームが他にもっとあるといい。他のプラットフォームやコンテンツ開発者と、お互いのノウハウを交換できるような場もつくりたい。HELLO GARDEN という小さな活動だけでアプローチできる世界はとても小さく、私たちだけでまちを変えることなど到底できないのだ。

メディアだからできること

HELLO GARDEN とは「メディア」でもあるということを、私たちは強く意識し続けている。屋外空間での活動は天候との戦いで大変なことも多いが、活動風景が可視化され、まちへの発信となることは大きなメリットだ。実験に楽しそうに取り組む人々の振る舞いはまちに活気を与えるだけでなく、外から見ている人にも「私も何かやってみないな」と思わせる力があるし、通りすがりの人に意図せぬものに触れたり興味を持ったりする機会を提供することもできる。さらには SNS や紙媒体なども活用し、ここでの実験結果とそのノウハウを発信することで、その場に実際に来なくてもそれぞれの暮らしの中で何か始めてみるきっかけをつくることもできる。それはつまり、HELLO GARDEN というプラットフォームで行われた誰かの小さな試行錯誤が、他の誰かの暮らしを変える可能性もあるということだ。

まちづくりの仕事をしていると、同じ時間、同じ場所に人々が集いつながることを安易にゴールに設定してしまいがちだが、人と人が関係しあってよりよい未来をつくる方法は、直接的なコミュニケーションばかりではないと信じている。

「持続可能」という課題

活動スタートから 7 年が経った。多くの人々との出会いがあり、まちの見え方も大きく変わった。いろんな価値観に触れ、知らなかっ

た社会課題にも直面し、新しい世界が見えるようになったことで、HELLO GARDEN のあり方も大きく変化した。暫定利用のつもりで始めた活動だったが、コロナ禍により人々の暮らしも変化するなかで、みんなが自由に使える屋外空間がまちにある価値も実感し、このまま建物を建てずに活用し続けてもいいのではとも思っている。

　活動を通じて強く感じていることは、まちのプレイヤーを育てるためにとにかく大事なのは「しくみづくり」と「発信」だ。これには継続的な予算と根気強くプロジェクトに関わる人が必要になる。ハードの整備に予算がついても、運営にはなかなか予算がつかないのが世の中の現状だ。幸いにも私たちはサポートを受けて運営を維持できているが、持続可能な形とは言えない。運営組織がプロジェクトを推進し続けられる体制づくりは、私たちだけでなく、小さなアクションから始めるまちづくりの大きな課題だ。この課題に対しての解を見つけることも、今後の実験テーマの一つにしていきたい。

西山芽衣 (にしやま・めい)

株式会社マイキー。1989 年生まれ。千葉大学建築学科卒業。株式会社北山創造研究所に入社。西千葉で空き地を活用した実験スペース「HELLO GARDEN」、ものづくりスペース「西千葉工作室」を立ち上げる。2014 年株式会社マイキー入社。「HELLO GARDEN」「西千葉工作室」の運営を行う。

06

タクティカル・アーバニズムのメソッド

マイク・ライドン

アンソニー・ガルシア

翻訳・編集

矢野拓洋

本章ではアクションを起こす際に参考にすることができる手法を紹介する。ここで紹介する手法は、タクティカル・アーバニズムの提唱者であるStreet Plans Collaborative（ストリート・プランズ）の発行資料や、創設者のマイク・ライドン、アンソニー・ガルシアの2人が2019年12月に来日した際に開催した講演会、ワークショップに基づいてまとめている。

　本章で紹介する手法は、プロジェクトを実施する地域の特性に応じてカスタマイズするためのプロトタイプとして捉えてほしい。なぜなら、課題やステークホルダーの状況は地域によって異なり、ここで紹介する通りに実行しても良い結果につながるとは限らないからだ。

　まず最初に、タクティカル・アーバニズムのプロジェクトを実践するプロセスを、10のステップに分けて紹介する。次に、このプロセスを理解する上で特に重要なステップや概念について詳細に説明する。さらに、タクティカル・アーバニズムのプロジェクトの初期段階に、住民の参加を促し、地域の課題を発見し具体的なアイデア提案をする住民参加型ワークショップの手法を解説し、最後に東京・神田で実施したワークショップの結果を報告する。

6-1

プロジェクトの10ステップ

　タクティカル・アーバニズムは、軽やかに実行に移す俊敏性が求められる一方で、あくまでも長期的な都市の変化を志向し実践する必要がある。ここで紹介する10のステップは、アクションを円滑に実行できるようにするための目安であるだけでなく、アクションを単なる一過性のイベントで終わらせず、長期的な変化へとつなげるために必要な考え方、ステップが含まれている［図1］。

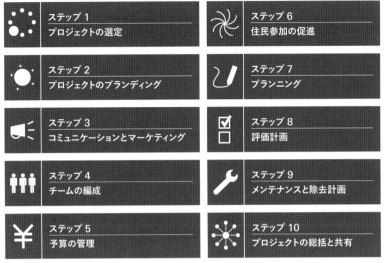

ステップ 1 プロジェクトの選定		ステップ 6 住民参加の促進	
ステップ 2 プロジェクトのブランディング		ステップ 7 プランニング	
ステップ 3 コミュニケーションとマーケティング		ステップ 8 評価計画	
ステップ 4 チームの編成		ステップ 9 メンテナンスと除去計画	
ステップ 5 予算の管理		ステップ 10 プロジェクトの総括と共有	

図1 プロジェクトの10のステップ

ステップ1　プロジェクトの選定

　プロジェクトを実施する前に、そのプロジェクトが成功する見込みがあるかどうか判断する必要がある。そのときに参考になるのが、次の10の選定基準である。

①計画の複雑さ：特に重要な選定基準。全体像が把握しやすいか。

②パートナーシップ：その次に重要な選定基準。協力してくれそうな組織やキーパーソンが明確か。

③接続性：対象地周辺の空間といかに接続できるか。

④視認性：プロジェクトを実施していることや、生じている変化がわかりやすいか。

⑤安全性：プロジェクトを実施することで、歩行者の安全性の改善にどれくらい貢献できるか。

⑥商業ポテンシャル：プロジェクトを実施することで、周辺店舗の売上げにどれくらい貢献でき、新規店舗を誘致できるか。

⑦予算：作業費、デザイン費、設営費などにどれくらい予算が分配できるか。

⑧素材調達：プロジェクトの実施期間に適切な素材を入手することが

図2 「Safe routes for all」というキャッチーな名前がつけられたプロジェクト。どの媒体・ツールにも同じロゴを使用している（出典：Street Plans Collaborative）

できそうか。

⑨行政の温度感：そのプロジェクトがマスタープランに関係しているか、行政からのサポートがあるか。

⑩スチュワードシップ：プロジェクトを運営管理する人はいるか、その運営管理は複雑か。これについては6-2でより詳しく解説する。

ステップ2　プロジェクトのブランディング

　1日限定プロジェクトであろうが、5年続くプロジェクトであろうが、プロジェクトのアイデンティティをつくり、周囲から認知してもらうことは長期的な変化を生む上で必要不可欠である。プロジェクト名やテーマカラー、ロゴなどを決め一貫して使い続けることで人々の記憶に残るようにする［**図2**］。ポスターやウェブサイトだけでなく、手紙や現場で使用するサインに至るまで、プロジェクトに関わるあらゆる資料や素材にロゴや名前を入れることを心がける。また、一つでも多くの既存の事業や計画と結びつけ、必然性を高めることも、プロジェクトの認知を高める上で重要である。

ステップ3　コミュニケーションとマーケティング

　ブランディングが定まったら、次は情報発信だ。少しでも多くの人の理解を得るために、発信するメッセージの内容に一貫性を持たせる。このとき、住民とプロジェクトの接点を探り、このプロジェクトが住民にとってどんな意味を持つのかをわかりやすく説明することが重要である。コミュニケーションの手段は、ネットで発信したり、資料を

配布することも大切だが、対面でのコミュニケーションが何よりも大きな効果を発揮する。まずプロジェクトによって最も影響を受ける人を明確にし、たとえば対象地周辺の各家庭に訪問して説明するなど、直接の会話を通して信頼関係を築くことを怠ってはならない。

ステップ4　チームの編成

　情報発信する過程で、共に活動してくれる仲間も募ろう。プロジェクトチームはさまざまな分野からメンバーを募り構成するようにする。専門家だけでなく、住民や行政職員も巻き込むとよい。実施日が近づくにつれ、メンバー間でコミュニケーションをとる頻度は次第に高まっていく。そのため、チーム結成時から実施日までのスケジュール感を共有しておくことが大切である。

ステップ5　予算の管理

　プロジェクトの最初に、全体でかかる予算を設定し、その予算内で収まるように管理する。予算を最初に設定することで、プロジェクトの規模や期間を決めることができる。予算は、材料費などのハードと、人件費であるソフトに分けて詳細を詰める。ハードに係る予算は工夫次第で下げられるが、効果的なプロジェクトを実施し次につなげるためには、ソフトの予算を削減することは避けなければならない。ハードの予算は、住民や行政などから支援してもらうなどして低減することができる。

ステップ6　住民の参加の促進

　住民との交流はプロジェクトの実現において必要不可欠である。プロジェクトのことを事前に知らせるだけでなく、地域のニーズを探り、一緒に活動してくれる仲間を募ることが、交流の目的である。地域のニーズを探る上で一般的なメソッドがワークショップであるが、地図を俯瞰しながら概念的なニーズを引き出すようなワークショップではなく、明日から一緒に何ができるかを主体的に考えるための住民参加型ワークショップを実施することで、参加者の当事者意識を醸成する。ワークショップの手法については6-4で詳しく紹介する。

　また、訪問調査、街頭調査、アクティビティ調査、データ収集、設

営など、現地での活動は、地域の人々の認知を高めボランティアを募る上で最も重要な行為と言える。活動中に声をかけられたり質問を受けたりと、多くの人々が関心を示してくれるからである。このタイミングでプロジェクトの意義を理解してもらえれば、共に活動する仲間を増やすことができるだろう。

ステップ7　プランニング

プロセスの中で最も複雑なフェーズと言えるプランニングは、建築家やエンジニア、都市計画家が主なプレイヤーとなり、住民のアイデアを叶えるデザインをプランに落とし込む。プランニングには、敷地図（平面図）作成、道具の搬出入計画、スケジュール、設営計画、ボランティアのマネジメント計画などが挙げられる。プランニングに関しては6-3で詳しく解説する。

ステップ8　評価計画

プロジェクトを長期的な変化につなげるためには、重要業績評価指標（KPI）を設定し、わかりやすく成果を示すことが求められる。住民や行政の心を動かすことができる指標は何なのか、それはどのように測り、示すことが効果的なのかを決めるのが評価計画である。

多くの場合、プロジェクト実施前と実施期間中での変化を比較すると効果をわかりやすく示すことができる。プロジェクト実施前に評価計画をし、ビフォー／アフターの違いを明確に示すための素材を揃えておきたい。効果測定、測定結果の可視化の作業には十分なリソースを注ぎ、住民や行政も含めあらゆるステークホルダーにわかりやすい結果報告を提供する。結果報告は、何が有効であるかだけでなく、何が有効でないかも示すことが重要である。

ステップ9　メンテナンスと除去計画

プロジェクトごとに使用するツールの種類や量が異なることは、設営計画で意識されることだが、プロジェクト実施期間中のメンテナンス段階では見過ごされがちである。ツールごとの持続可能性を把握し、どんなメンテナンスがどの程度の頻度で必要なのか、誰がいつやるの

かなどをまとめておくと、プロジェクトの質を高く保つことができる。ツールが劣化した状態では、空間の質は低下し、その空間を利用した人々の印象も悪くなる。当然、実施期間が長ければ長いほどメンテナンス計画の重要性は高まる。

プロジェクト実施期間が終了した際には、きれいに実施前の状態に戻すことで、実施期間中に起きたインパクトがより強調される。計画の段階で除去、撤収のことまで考えることで、道具搬出入計画や設営計画もより洗練されたものになる。

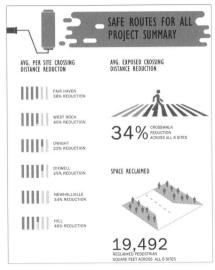

図3 プロジェクトの成果をなるべくシンプルでわかりやすいデザインで伝える（出典：Street Plans Collaborative）

ステップ10 プロジェクトの総括と共有

プロジェクトが終了したら、プロセス、成功事項、教訓、評価結果などを総括し、住民、行政、協働者など、なるべく多くの人に成果を報告する［図3］。このとき、ステップ2と3で紹介したブランディングやコミュニケーションを有効に活用する。最後はプロジェクトの成功を皆で祝うことも、次につながる重要なイベントである。

五つのスチュワードシップモデル

6-1のステップ1で紹介した、プロジェクトを選定する上で重要な

判断基準の一つに、「スチュワードシップ」がある。スチュワードシップとは、パブリックスペースを運営管理する体制のことを指す。短期的なアクションが長期的変化につながる事例には、必ずその空間を大切に思う人々、運営管理する能力を持った人々が持続的に関わることができるしくみが存在している。ここでは、スチュワードシップを五つのモデルに分類し紹介する。

1）イベントベースモデル

イベントベースモデルは、プログラムを企画運営し、場を活性化することを軸とするモデルである。パブリックスペースを一定期間（数時間から数カ月間）イベントスペースとして活用することで活性化させる。このモデルの強みは、イベントというわかりやすい目的を共有することで人々が集まり、つながり、協働するというコミュニティビルディングのプロセスをつくりだせることである。

一方で、人々の活動はイベントに紐づいているため、イベントが終われば以前の空間に戻ってしまうというリスクも伴う。また、イベントは直前の準備や当日の運営に大きな負荷がかかるため、高頻度で打ち続けると運営団体が疲弊してしまうことも多い。イベントベースモデルを成功させるには、継続性の高いイベント形態を意識することや、複数の主催団体を揃え交代で開催するなど、負荷を分散させることが求められる。

2）草の根パートナーシップモデル

草の根パートナーショップは、ボランティア団体などがパブリックスペースのマネジメントや改善において主体的な役割を果たすモデルである。地元の事情をよく知る地域団体が、地域の細かいニーズまで把握し柔軟に対応することで、安定したパブリックスペースの活用が可能となる。加えて、パブリックスペースをレバレッジとして、地域の社会関係資本を豊かにすることができるため、本質的に持続可能な地域を形成することができる。

しかし、草の根団体は洗練された組織体制がとれないことが多く、アクションの範囲は軽度なものに限られる。また、メンバーが団体の

活動に費やせる時間やエネルギーに一貫性がなく、コントロールが難しい。主要なメンバーが参加できるかどうかでプロジェクトの行方が大きく左右されるリスクがある。

　草の根パートナーシップを持続可能にするためには、活動に参加するメンバーのモチベーションがどこにあるかを汲み取り、適切なプログラムを企画したり人員を配置することが重要である。また、同様の役割を持つ他地域の団体と連携し、人手不足を補ったり、知識や経験を共有する場を設けることも有効である。

3）公民連携モデル

　民間企業と行政組織とがパートナーシップを組むモデルは、民間企業が公的な立場を担い、高い信頼性を武器に事業を展開することができる。既存空間の活用だけでなく、大きな資金源を確保し、整備事業

図4　サンフランシスコの特別税地区（Yerba Buena Community Benefit District）にパイロットプロジェクトとして設けられたアニーストリートプラザ（出典：Stewardship Guide）

も推進することができる。

　しかし、民間企業が提供するサービスは公共性を失いやすいため、徹底したプロセスの透明性や事業の公平性への配慮が欠かせない。また、公民連携のスタイルはプロジェクトごとに最適解を求める必要があるため、実施まで時間がかかることが多い。

　行政と民間企業の間で認識を共有し、手続きを円滑にするため、空間デザインの事例集やガイドライン等の作成が推奨されるが、このとき、事業者のデザイン能力、クリエイティビティが発揮される余白を設ける工夫を忘れてはならない。

4）自治特別税地区モデル

　特別税地区（Special Assessment District）とは、土地所有者が合意のもと出資し公共サービスの質を向上するための取り組みを行っている地区である［**図4**］。自治特別税地区モデルは、特別税地区の運営団体がパブリックスペースを運営管理するモデルである。予算的にも安定しており信頼できる体制をとれ、かつ地域に根ざしてそのニーズをきめ細かく把握し迅速に対応できるところに特徴がある。

　一方で、行政が策定する計画のような俯瞰的な視点が失われがちなところに欠点がある。またこのモデルは、経済的に裕福な人々が生活する地域でのみ実施することができるため、パブリックスペースのメンテナンスへの必要性が高い地域であるほど、このモデルの実施が難しい傾向にある。

　より多くの地域が自治特別税地区モデルを取り入れるには、ガイド等の資料を作成することでそのハードルを下げることができる。また、特別税地区同士が連携し資源を共有できるような体制の構築を支援することで、持続可能性を高めることができる。

5）役割分散パートナーシップモデル

　複数の団体やプログラムが技術的なサポートや補助的なサービスによってパブリックスペースの管理者を支援するモデルである。多くの地域組織にとって、パブリックスペースの多岐にわたるマネジメントをすべてカバーすることは困難である。このモデルは、マネジメント

のタスクを複数の組織で分担し、各組織はそれぞれ得意とする役割のみに集中してマネジメントを行うことで、負荷を分散しつつアイデアや先進事例をお互いに共有しながら推進することができる。

　しかし、分散型アプローチのマネジメントは詳細を伝達しあえないリスクがある。タスクの範囲や責任が曖昧になり空中分解する恐れがあり、それを避けるためには多くの場合、長い時間をかけて慎重にリスク管理をする必要がある。

　これら五つのモデルを、事業を先導する組織、空間タイプ、賑わいレベル、他のモデルとの相性についてまとめ、比較したのが**図5**である。この図を見てわかる通り、NPOはどのモデルにおいても重要な役割を担える欠かせない存在である一方で、大企業は資金的なサポートなどが主な役割であり先導組織とはならない傾向がある。

　また、地域のあらゆるモデルで活用できる空間として、広場が挙げられる。空間タイプを問わず運営管理をすることができるスチュワードシップモデルは特別税地区だが、経済的に余裕のある地域に限り成立することは前述の通りである。イベントベースで運営管理を推進する場合は、必然的に来場者や盛り上がりなどがKPIとなりがちであり、賑わいを必要としない場ではあまり採用されない傾向にある。

　こうしたスチュワードシップのカテゴライズは便宜的な説明方法にすぎず、実際には対象地域の特性に合わせてこれらのモデルが混ざり合って運営されている。対象地域のコンテクストに丁寧に寄り添い、

	先導組織					空間					賑わい			他モデルとの共存				
	行政組織	NPO	草の根団体	大企業	地元小規模企業	広場	公園	道路	遊び場	道路沿い	多い	普通	少ない	イベントベース	草の根	公民連携	特別税地区	役割分散
イベントベース	◎	◎	○		○	◎	◎	○			◎	○		×	○	◎		
草の根パートナーシップ	○	○	◎			◎	○	○	○		○	◎	○	○	×	◎	○	
公民連携	◎	○		○	○	◎	○	◎		◎	◎	○		◎	◎	×	◎	
特別税地区		◎				◎		◎					○				×	
役割分散パートナーシップ		◎				◎												×

図5　五つのスチュワードシップモデルの特性（出典：Stewardship Guide）

その地域にとって最も適したスチュワードシップを生み出すクリエイ
ティビティを忘れてはならない。

6-3

プランニングの五つのフェーズ

6-1 のステップ7で説明した通り、プランニングはタクティカル・
アーバニズムのプロセスの中で最も複雑なフェーズと言える。建築家
やエンジニア、都市計画家などの専門家が主なプレイヤーとして、住
民が考えたアイデアをプランに落とし込む。ここでは、①敷地図（平面図）
作成、②道具の搬出入計画、③スケジュール、④設営計画、⑤ボランティ
アのマネジメント計画の五つのフェーズについて紹介する。

1）敷地図（平面図）作成

プロジェクトチーム内に建築家がいればその人に、もしいなければ

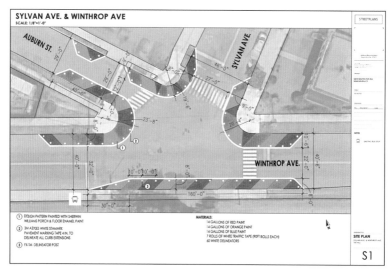

図6 寸法や色彩計画、素材の種類等が記載された平面図（出典：Street Plans Collaborative）

外部の建築家に依頼し、アクションを実行する際の図面を作成する［**図6**］。たとえばストリート上にペイントをするストリートミューラルの場合は、ペンキの種類や寸法を描く。広範囲にボランティアなども参加しペイントする場合には、誰が実施してもクオリティが保てるようにデザインコードを明確に示す。

2）道具の搬出入計画

プロジェクトチームは、アクションを実施する少なくとも数週間前には当日使う資材を確保し、適切な場所に保管しておく必要がある。常に想定される量よりも多めに確保し、資材が揃ってから改めて検討する時間的余裕も考慮しておく。資材の保管場所は、基本的にはアクション対象地に近いほどよい。行政や地元の商店などに相談し、アクション期間中に借りられる場所を探す。もし周辺にどうしても保管できる場所が見当たらない場合は、どうやって保管場所からアクション対象地まで資材を運ぶのか、一時的に資材を安全に置いておける場所をどのようにして確保するのかも計画の中に含めることが円滑なアクションを可能にする。

3）スケジュール

プロジェクトを始動する際、最初に行うことの一つが、スケジュールを作成することである。デザイン決定の期限、アートワークの実施日など、さまざまなマイルストーンを組み込んだ全体のタイムフレームを可視化する。季節や祝祭日、他のイベントなどを考慮した上で、メンバーが無理なく関わることができるよう調整する必要がある。スケジュールの作成は、ボランティアと一緒に実施している場合や、交通などが複雑な場所で実施する場合には特に重要事項となる。**図7**にどのプロジェクトにおいても必要とされるタスクを挙げる。

4）設営計画

現場で社会実験等のアクションを行う日はそのタイムテーブルを作成する。各メンバーがいつ、どこで何をする必要があるのか、15分単位で時間を区切り細かく動きを確認できるようにする。現場での作業は天候に大きく左右されるため、季節や天気に合わせてなるべく心地

- プロジェクトの協力者、関係者を見つける（継続的なタスク）
- 法規の整理
- 対象地の事前評価
- 予算と調達リストの作成
- デザイナー、アーティストの選定
- 行政職員との調整（公共施設で行う場合）
- 地元の商店や住民との関係づくり（継続的なタスク）
- 最終デザインの作成（地元コミュニティからの意見をフィードバックする時間を考慮する）
- 建設計画、除去計画の作成
- 道路占用許可、道路使用許可を受ける
- ツールの調達
- プログラム実施
- 運営管理計画の作成
- 評価計画の作成と効果測定

図7 アクションの実施に必要なタスク

よく作業できるよう計画を練ることがアクションの満足度を高める上で重要である。昼食の時間帯やリラックスして食べられる場所の確保、作業中に使用できるトイレの確保など、当日の動きを細かく想定することで洗練された計画を作成することができる。

　また道路上でアクションを実施する場合は、交通管理も設営計画の大事な要素である。アクション中に自動車交通、自転車交通、歩行者動線がどのように変化するのか、行政と議論し綿密に計画を立てる[**図8**]。

5）ボランティアのマネジメント計画

　ボランティアでアクションに参加する住民は強力なパートナーとなりうる。加えて住民がアクションに関わるプロセスの中で、コミュニティへの帰属意識も高まるため、事前に住民とコミュニケーションを図りアクションへの参加を促すとよい。

　しかし、ボランティアの人数や年齢、施工経験や技術は事前に把握することが難しく、能力を超えた仕事を押しつけたり、逆に依頼できるタスクがなくなってしまうという状態が頻繁に起こる。当日発生するタスクの種類と量、難易度を把握し、適材適所でタスクを割り当てられるように準備しておくと、効率よく作業が進む上に、参加した住

図 8 アクション期間中の交通管理図 （出典：Street Plans Collaborative）

民の満足度も高めることができる。

6-4

住民参加型ワークショップの
フレームワーク

　住民の参加を促しながら都市を改善するアイデアを生む手法として、住民参加型ワークショップを採用する場合がある。ここでは、2010 年頃からストリート・プランズが実施している「5Whys フレームワーク」と「48 × 48 × 48 フレームワーク」というワークショップの手法を紹介する。これらのフレームワークは、まち歩きでの観察をもとにグループでアイデアを提案するフェーズで使用されるもので、クリエイティブな発想を促しつつ実現可能性を高め迅速なアクションへとつなげる工夫がなされている。

5Whys フレームワーク

「5Whys フレームワーク」は、豊田佐吉によって考案されたトヨタ生産方式を構成する代表的な手法の一つである。課題の本質に辿り着くための手法として、現在では国内外問わずあらゆる分野で広く用いられている。

まち歩きを通して自分が課題だと思った場所について、そこで課題が生じている理由を深く探るために用いられる。

発見された課題の中からグループ内で最もフォーカスしたい課題を一つ選び、その課題について話し合いながら理解を深めていく。方法は、ワークシートの上部に課題が生じている場所を書き込んだ後、そこで課題が生じている理由を想像し、下に書き込む［**図9**］。その下に、その理由が起きる原因を書き込み、その下にその原因が起きる原因を書き込む、といった具合に、「なぜ？」という質問を5回投げかけるというシンプルなプロセスである。

5歳児が親に「なんで？なんで？」と聞くように質問を重ねていくプロセスを通して、課題が起きている本質的な理由、つまり解決すべき根本的な課題を発見することが狙いである。根本的な課題が見えてきたところで、それを解決するための方向性を話し合い終了となる。

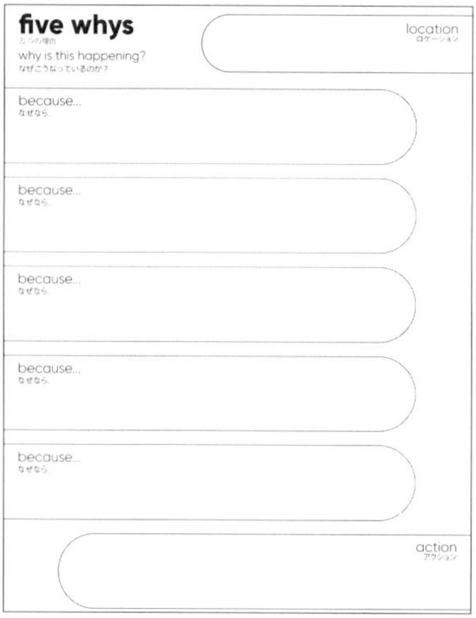

図9 5Whys フレームワークのワークシート

48 × 48 × 48 フレームワーク

　根本的な課題と解決の方向性が見えてきたら、「48 × 48 × 48 フレームワーク」へと移る。「48」は三つの異なる時間を表しており、48 時間× 48 週× 48 カ月という単位が隠れている。

　5Whys フレームワークで抽出された課題解決の方向性を 48 × 48 × 48 フレームワーク用ワークシートの最上段に記入したら、それを達成する上での課題や利用できるポテンシャルをその下に記入する［**図 10**］。

　方向性と課題、ポテンシャルを考慮して、48 時間以内に対象地に生み出せる変化を考える。生み出せる変化が想像できたら、それを実現するために必要なステークホルダーを想像し、そのステークホルダーがどう協働できるかという行動計画を議論する。ここまで議論ができたら、このプロセスを 48 週間、48 カ月にも適用し戦術を検討していく。

　「短期的ゴール」「中期的ゴール」といった抽象的な時間的概念ではなく、「48 時間」など具体的な数字で考えることで、アクションの実現可能性や実現までのプロセスをリアルにイメージできるようになる。それでいて、短、中、長期的変化を同じフレームで並列に扱うことで、シンプルに小さなアクションが長期的な変化につながるまでのイメージを共有することができる。

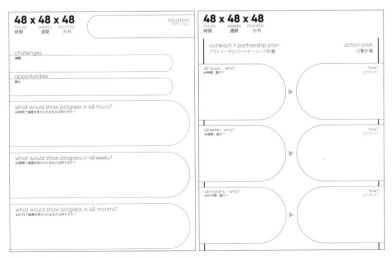

図 10　48 × 48 × 48 フレームワークのワークシート

こうしたフレームワークを使用したワークショップの目的は、プロジェクトバンクをつくることである。つまり、最も優れたプロジェクト提案を議論し決定するプロセスではなく、たくさんの小さなプロジェクト提案が集積することが重要なのである。これらのプロジェクト案をなるべく早く実行に移し、何が成功して何が失敗するのかを明らかにする。この成功と失敗の繰り返しが積み重なって対象地域が変化していく。アイデア検討時点でプロジェクトの良し悪しをジャッジしないことが、住民の積極的な参加を促すことにもつながる。

6-5

神田でのワークショップの実践

本章の最後に、2019 年 12 月に Tactical Urbanism Japan 2019 の一環として、東京・神田で開催した「タクティカル・アーバニズム マスタークラス」について紹介したい。マイク・ライドンとアンソニー・ガルシアに講師を務めてもらい、公募により、都市計画、建築、ランドスケープ、まちづくり等を専門とする実務者、行政職員、大学生、計 12 名が参加した［図11］。

対象エリアの特色と検討テーマ

対象地域の東京都千代田区神田エリアは神田明神に代表される歴史と下町感が息づく、都心の商業・業務地域である。まちの個性の発揮や魅力ある歩行者空間の創出に向け、2016 年と 2017 年には「神田警察通り賑わい社会実験」（2 章 2-4）が開催されたり、再開発が検討されたりしている。そんな神田エリアのうち 2 カ所がマスタークラスの対象地となった。

1 カ所は、内神田 1 丁目の出世不動通り、神田西口通り、およびそれらと交差する区道 558 号線だ。ここでは将来、丸の内仲通りから日

図11 タクティカル・アーバニズム マスタークラスの様子

本橋川を渡って神田への接続が検討されており、新しい南北軸としての魅力を創出しつつ、東西方向の動線のつながりとエリアとしての回遊性を向上させることが検討テーマである。

　もう1カ所は、神田錦町の都道402号線および日本橋川沿いの北側だ。検討テーマは、水辺空間および5車線の道路区間を地域の魅力向上のために活用し、大手町と神田西側との回遊性を高めることである。

　12名の参加者は対象地別に二つの分野混成グループに分かれ、ワークショップに取り組んだ。

フィールドワークから戦術の検討へ

　まずは講師からタクティカル・アーバニズムの概要と「プロジェクトの10ステップ」（6章6-1）が説明され、フィールドワークに移った。

　フィールドワークで用いられたのが、ロールプレイをしながら対象地の診断をするワークシートである［図12］。シートではグループごとに対象地内で観察するべき具体的なスポット（道路名と範囲など）が数箇所ずつ指定され、スポットごとに課題、機会、および望ましい活動と改善点を記入することが求められた。ここでポイントとなるのが、対象地を見る際の視点として、参加者1人1人に異なる年代、属性のペルソナが仮想的に割り当てられたことだ（たとえば、70歳の住民、21歳の学

タクティカル・アーバニズム マスタークラス　現地視察ワークシート

あなたの役 (あてはまるものに○)	30代後半の小さな 子どもを持つ親 Parent (late 30s) of young children	70歳の住民 70-yr old resident	21歳の学生 21-yr old student	27歳の在勤者 27-yr old worker	38歳の起業家 38-yr old entrepreneur	60歳の商店主 60-yr old shop owner

与えられた役の立場で考えてみましょう。どういう人間ですか？何を気にしますか？どんなことが気がかりでしょうか？何を見たり、やったりすることが楽しみでしょうか？与えられた役の目線で、サイトマップを参照しながら特定の場所の観察を記録しましょう。もし何かあなたの役にとって不都合なことがあるようなら、アイデアを書き出してみましょう。限界をもうけずにクリエイティブに！

A班	課題 CHALLENES	機会 OPPORTUNITIES	望ましい活動と改善点 DESIRED ACTIVITIES &IMPROVEMENTS
サイト1 区道558 Ward Road 558			
サイト2 神田西口通り Kanda Nishiguchi Dori			
サイト3 出世不動通り Shuse-Fudo Dori			

図 12　フィールドワークで使用したワークシート

生等）。ワーク参加者の属性はどうしても偏ってしまうが、地域の人口構成を意識した視点をロールプレイで導入することによって、戦術の検討にリアリティを持たせる工夫である。

　このフィールドワークを終えて特定された課題のうち中心的なものを、5Whys フレームワークを使ってグループで掘り下げていく。たとえば、内神田の道路を対象としたグループは「車と人の動線の錯綜」という課題を掘り下げていき、その背景に土地利用や人の活動時間帯といった要因があることを整理していった。

　課題が分析されたところで、48 × 48 × 48 フレームワークの出番だ。対象地の課題に加えて機会も踏まえながら、48 時間、48 週間、48 カ月と、短期のアクションから順にアイデアを出していく［図13］。この際、誰がやるか、どんな頻度でやるかなど、具体度を高めてアクションの内容を書き出していくことがポイントだ。地図上への書き込みやイメージスケッチも多用しながらの検討作業となった。また、講師らからは、短期のアクションがふくらみすぎて本当に設定されたタイムスパンで実現できるか問い直すよう、アドバイスも加えられた。

図13 48×48×48フレームワークを使った検討

戦術の策定から地域関係者との共有へ

以上のようにタクティカル・アーバニズムのメソッドを順序だてて使っていくことで、課題の本質を捉え、短期から長期まで筋が通った、メリハリと具体性のある戦術が描き出された。

車と人の動線の錯綜を課題とした内神田グループは、駐車場の一時的活用から始め（48時間）、周囲へと営みを発展させ（48週間）、再開発や建替えの機会をとらえた通りの刷新（48カ月）という戦術を描いた。

一方、神田錦町を対象としたグループは、首都高に覆われた薄暗い日本橋川沿いの雰囲気の悪さを課題として取り上げ、神田らしい提灯の灯りを使った祭り（48時間）から、プロジェクションマッピングや車道の広場化（48週間）、そして常設の照明と歩道橋の新設（48カ月）という戦術の提案に至った。

いずれの提案も、課題と見られていたところから、新たな魅力が生まれる芽が見えてきたことが印象的だ。

これらの結果は、マスタークラス終了直後に地元の町会や行政等の関係者にもプレゼンテーションされた。1日という短時間での検討なが

ら、一連のメソッドを使ってロジカルに、かつ明確な時間軸で検討され、わかりやすいスケッチを交えて説明された戦術案は、地元関係者にも伝わりやすく、アクション推進の意欲を掻き立てるものであった。

参加者からの反応

　最後に、実際にメソッドを使って戦術の検討を行ったマスタークラス参加者からの反応を紹介しよう。

　参加者にとってクラスに参加する以前は、タクティカル・アーバニズムは社会実験的な側面の印象が強かったようだが、体系的なメソッドの実践を通して、短期、中期、長期の時間設定とその連続性、および客観的かつ現実的に提案を詰める点等に気づいたようだ。

　5Whysフレームワークで課題の表層で思考を止めずに本質を突き詰める点や、48 × 48 × 48 × フレームワークで具体的な期間を設定して考える点は、議論の解像度を高めるものとして評価された。

　一方で、これらの考え方は初めての実践では難しさを感じたという声も聞かれた。フレーム自体はわかりやすいものではあるものの、効果的にワークを進めていくには、うまく問いかけをしながら議論や発想をサポートするファシリテーターがいるとやりやすくなるだろう。

　今回のマスタークラスは1日で提案をつくるまでだったが、「48時間でできることと」という条件設定を考えると、対象地域の条件次第では実行までセットにしたプログラムも可能であろう。そのような使い方ができると、よりタクティカル・アーバニズムの真価が発揮できるのではないだろうか。

おわりに

タクティカル・アーバニズムへの旅

2015年、「池袋駅東口グリーン大通りオープンカフェ社会実験」の実践を終えた後に、さまざまな場面で社会実験やパブリックスペース活用について議論をした。そこから、屋外パブリックスペースの居場所づくりのメディア「ソトノバ」（https://sotonoba.place）が誕生した。同じくして出会ったのが、「Tactical Urbanism: Short-term Action for Long-term Change」（マイク・ライドン、アンソニー・ガルシア著）の本である。この本に出会ったときから、我々のタクティカル・アーバニズムへの旅は始まっていた。

2017年、この本の著者、マイク・ライドンに会いに行った。ニューヨーク・ブルックリンのシェアオフィス「ダンボ・ロフト」である。現地では当時ソトノバのメンバーであった原万琳さんに通訳をお願いし、マイクと会話をした。1時間程度の短い時間だったが丁寧にタクティカル・アーバニズムの疑問に答えてくれた。また、ソトノバでラボを立ち上げ、メンバーの荒井詩穂那さんとタクティカル・アーバニズムについて研究も始めた。

2019年、大林財団の国際会議助成に採択され、「Tactical Urbanism Japan 2019」を東京で開催した。マイク・ライドン、アンソニー・ガルシアをアメリカから招き、4日間の国際シンポジウム、アカデミックサロン、ペチャクチャナイト、官民連携サロン（非公開）、マスタークラス（神田サロン）を実施した。すべて異なる趣旨とターゲットで臨んだイベントにおいて、マイクとトニーの尽力もあって、本書の編著者である5名（泉山塁威、田村康一郎、矢野拓洋、西田司、山崎嵩拓）は、思考のアップデートが凄まじかったのを覚えている。「Tactical Urbanism Japan 2019」の開催にあたっては、三井不動産、三菱地所、安田不動産、小田急電鉄、日建設計、東急、森ビル、東急不動産、大和リース、Peatix、ニチエス、花咲爺さんズ各社にご協力いただき、国土交通省にもご後援いただいた。関係者の皆様には深く感謝申し上げる。

2021年、「Tactical Urbanism Japan 2019」の登壇者を中心に各地の実践や理論をまとめた本書を出版することができた。本書の出版にあたっては、貴

重な実践や論考を執筆いただいた著者の皆さん、出版を提案いただき、筆が進まない著者への叱咤激励等サポートいただいた学芸出版社の宮本裕美さん、素晴らしいデザインを手掛けていただいた LABORATORIES の加藤賢策さんをはじめ、多くの関係者の皆さんに厚く御礼を申し上げる。

単発化／イベント化した社会実験の次

「Tactical Urbanism Japan 2019」を開催するにあたって、マイクらから何を学び、何を日本に伝えようかと考えた。そして、「単発化／イベント化した社会実験をどう次につなげるか」を議論することにした。このあたりは4章でも触れているが、「まずやってみる」前に、「ビジョンを考える」ことが日本ではあまり議論されない。タクティカル・アーバニズムによって起きた都市の変化は、一見ゲリラ的アクションの印象が強いからかもしれない。ビジョンというと自分では描けない壮大なものに思えるかもしれないが、タクティカル・アーバニズムの実践者（タクティシャン）は単にアクションをしているわけではなく、長期的変化を意図したアクションをしている。我々はこの点をもっと理解し、伝えていかなければならない。

コロナ禍のタクティカル・アーバニズム

そして、今はまさにコロナ禍。パブリックスペース活用の社会実験の多くは中止や延期が余儀なくされ、そもそもパブリックスペースに割ける予算がない地域もあるかもしれない。ただ、コロナが終息したアフターコロナの社会をどうつくっていくかは、我々が今考えるべき長期的変化である。コロナ禍において、タクティカル・アーバニズム的取り組みが世界同時多発的に起こっている。特にアメリカでは、道路をレストランの屋外席にする「ストリータリー（Streetery）」と呼ばれる路上レストランが展開され、ニューヨークでは1万件以上が運営されている。サンフランシスコではパークレットが Shared Space Program として2000基が展開されている。日本でも、タクティカル・アーバニズムに取り組む仲間がもっと増えてほしい。本書がその一助になればと願っている。

2021年4月

編著者および著者を代表して　泉山塁威

2019 年 12 月、「Tactical Urbanism Japan 2019」を東京で開催した。マイク・ライドン、アンソニー・ガルシアをアメリカから招き、4 日間にわたって国際シンポジウム、アカデミックサロン、ペチャクチャナイト、官民連携サロン（非公開）、マスタークラス、神田サロンを実施した。

マイクとトニーが来日した 1 週間は、息つく暇もないほどに目まぐるしく過ぎたが、それでも各セッションで交わされた言葉の数々は我々の胸に深く刻まれた。その言葉のすべてを記すことはかなわないが、そのエッセンスは本書の至るところに散りばめられている。

タクティカル・アーバニズム　アカデミックサロン

2019 年 12 月 9 日（月）18：30 ～ 20：30　東京大学工学部 14 号館 1F 141
対象：大学教員、学生、民間・自治体のプランナー等／参加人数：104 名／言語：英語

〈プログラム〉
1. タクティカル・アーバニズム・ジャパンについて：泉山塁威
2. ウェルカムスピーチ：小泉秀樹
3. キーノートスピーチ：マイク・ライドン、アンソニー・ガルシア
4. パネルディスカッション：マイク・ライドン、アンソニー・ガルシア、中島直人、村山顕人、山崎嵩拓
5. クロージング

司会：小泉秀樹、泉山塁威

〈内容〉
マイク・ライドン、アンソニー・ガルシアが初めて日本で講演した記念すべきイベント。アクション先行型の概念であるタクティカル・アーバニズムを、アカデミックな視点でさまざまな都市計画の理論と比較しながら議論することで理解を深めた。

主催：タクティカル・アーバニズム・ジャパン（一般社団法人ソトノバ）／共催：東京大学まちづくり研究室／助成：大林財団／後援：国土交通省

タクティカル・アーバニズムサロン in Japan
パブリックスペースの実践者が集まる夜

2019 年 12 月 10 日（火）19:00 〜 22:00　渋谷キャスト スペース
対象：どなたでも／参加人数：101 名／言語：逐次通訳

〈プログラム〉
1．スピーカー 1：唐品知浩　　　　　　　2．スピーカー 2：倉本潤
3．スピーカー 3：苅谷智大　　　　　　　4．スピーカー 4：榊原進
5．スピーカー 5：安藤哲也　　　　　　　6．スピーカー 6：岩本唯史
7．スピーカー 7：太田浩史＋伊藤香織　　8．スピーカー 8：笠置秀紀＋宮口明子
9．スピーカー 9：藤井麗美　　　　　　　10．スピーカー 10：マイク・ライドン
11．クロージング

司会：山名清隆／アシスタント：高橋愛

〈内容〉
タクティカル・アーバニズムの実践者（タクティシャン）の集い。全国の実践者が、各々の活動について ペチャクチャナイトのフォーマットでプレゼンテーションした。躍動感ある実践紹介によって賑やかな夜になった。

主催：タクティカル・アーバニズム・ジャパン（一般社団法人ソトノバ）

タクティカル・アーバニズム　国際シンポジウム

2019 年 12 月 11 日（水）16:00 〜 21:00　日本橋ホール
対象：どなたでも／参加人数：118 名／言語：同時通訳

〈プログラム〉
1. オープニングセッション：池田豊人、泉山塁威、西田司
2. キーノートスピーチ：マイク・ライドン、アンソニー・ガルシア
3. オープントーク：マイク・ライドン、アンソニー・ガルシア、林将宏、津島秀郎、坂本彩、
　忽那裕樹、村上豪英、泉山塁威／西田司（コーディネーター）
4. アジェンダ発表：泉山塁威
5. クロージング

司会：MC ATSUSHI

〈内容〉
Tactical Urbanism Japan 2019 のメインとなるプログラム。国土交通省道路局も交えて、国家レベルの政策と 1 人からでも始められるタクティカル・アーバニズムをいかにつなげられるか、道路空間に焦点を当てながら議論した。

主催：タクティカル・アーバニズム・ジャパン（一般社団法人ソトノバ）／共催：東京大学まちづくり研究室／助成：大林財団／後援：国土交通省

タクティカル・アーバニズム　マスタークラス

2019 年 12 月 13 日（金）10:00 〜 17:00　3 × 3Lab Future
対象：タクティカル・アーバニズムの手法を学びたい方／参加人数：12 名／言語：逐次通訳

〈プログラム〉
1. イントロダクション：泉山塁威
2. レクチャー：マイク・ライドン、アンソニー・ガルシア
3. まち歩き：：矢野拓洋、近藤早映、三浦詩乃（サポートディレクター）
4. グループワーク
5. 中間発表

司会・コーディネーター：田村康一郎

〈内容〉
タクティカル・アーバニズムの実践手法を学ぶ 1 日研修プログラム。東京都千代田区神田を対象に、まち歩きやグループワークなどワークショップを通してタクティカル・アーバニズム型の提案を作成した。

主催：タクティカル・アーバニズム・ジャパン（一般社団法人ソトノバ）

タクティカル・アーバニズム　神田サロン

タクティカル・アーバニズム
神田サロン

5　2019.12.13.FRI　　18:30-21:00　ワテラスコモンホール

2019 年 12 月 13 日（金）18:30 〜 21:00　ワテラスコモンホール
対象：地元関係者、行政、企業、マスタークラス参加者（提案発表）等／参加人数：71 名
言語：逐次通訳

〈プログラム〉
1. イントロダクション
2. マスタークラスグループ発表
　　グループ A・グループ B・グループ C
3. ミニレクチャー：マイク・ライドン、アンソニー・ガルシア
4. クロージング：小泉秀樹、泉山塁威

司会：泉山塁威、小泉秀樹／コーディネーター：中島伸

〈内容〉
Tactical Urbanism Japan 2019 の最後を締めくくるイベント。タクティカル・アーバニズム マスタークラスにおいて受講者が神田を対象に検討した提案を発表し、地元住民も巻き込み議論した。

主催：タクティカル・アーバニズム・ジャパン（一般社団法人ソトノバ）／共催：東京大学まちづくり研究室／後援：千代田区

タクティカル・アーバニズム

小さなアクションから都市を大きく変える

2021 年 6 月 15 日 初版第 1 刷発行

編著者	泉山塁威、田村康一郎、矢野拓洋、西田 司 山崎嵩拓、ソトノバ
著者	マイク・ライドン、アンソニー・ガルシア 中島直人、村山顕人、中島 伸 太田浩史、鈴木菜央、岡澤浩太郎、松井明洋 安藤哲也、尾﨑 信、榊原 進、岩本唯史 池田豊人、渡邉浩司、今 佐和子 泉 英明、村上豪英、忽那裕樹 笠置秀紀、宮口明子、苅谷智大、西山芽衣
発行所	株式会社学芸出版社 京都市下京区木津屋橋通西洞院東入 電話 075-343-0811 〒 600-8216
発行者	前田裕資
編集	宮本裕美
装丁	加藤賢策（LABORATORIES）
DTP	梁川智子（KST Production）
印刷・製本	シナノパブリッシングプレス

テンポラリーアーキテクチャー　仮設建築と社会実験

Open A・公共R不動産 編　四六判・224頁・定価2300円＋税

都市再生の現場で「仮設建築」や「社会実験」が増えている。いきなり本格的な建築をつくれなければ、まず小さく早く安く実験しよう。本書は、ファーニチャー／モバイル／パラサイト／ポップアップ／シティとスケール別に都市のアップデート手法を探った、事例、制度、妄想アイデア集。都市をもっと軽やかに使いこなそう。

プレイスメイキング　アクティビティ・ファーストの都市デザイン

園田 聡 著　四六判・272頁・定価2200円＋税

街にくすぶる不自由な公共空間を、誰もが自由に使いこなせる居場所に変えるプレイスメイキング。活用ニーズの発掘、実効力のあるチームアップ、設計と運営のデザイン、試行の成果を定着させるしくみ等、10フェーズ×10メソッドのプロセスデザインを、公民連携／民間主導／住民自治、中心市街地／郊外と多彩な実践例で解説。

PUBLIC HACK　私的に自由にまちを使う

笹尾和宏 著　四六判・208頁・定価2000円＋税

規制緩和、公民連携によって、公共空間の活用が進んでいる。だが、過度な効率化・収益化を追求する公共空間はルールに縛られ、商業空間化し、まちを窮屈にする。公民連携の課題を解決し、都市生活の可動域を広げるために、個人が仕掛けるアクティビティ、しなやかなマネジメント、まちを寛容にする作法を、実践例から解説。

ストリートデザイン・マネジメント
公共空間を活用する制度・組織・プロセス

出口 敦・三浦詩乃・中野 卓 編著　B5判・176頁・定価2700円＋税

都市再生の最前線で公共空間の活用が加速している。歩行者天国、オープンカフェ、屋台、パークレット等、ストリートを使いこなす手法も多様化。歩行者にひらく空間デザイン、公民連携の組織運営、社会実験～本格実施のプロセス、制度のアップデート、エリアマネジメントの進化等、都市をイノベートする方法論を多数の事例から解説。

イギリスとアメリカの公共空間マネジメント
公民連携の手法と事例

坂井 文 著　A5判・236頁・定価2500円＋税

イギリスとアメリカでは不況下に荒廃した公共空間を、民間活用、都市再生との連動により再生し、新たに創出してきた。その原動力となったのは、企業や市民、行政、中間支援組織など多様なステークホルダーが力を発揮できる公民連携だ。公共空間から都市を変えるしくみをいかに実装するか。ロンドン、ニューヨーク等の最前線。

MaaS が都市を変える　移動×都市DXの最前線

牧村和彦 著　A5判・224頁・定価2300円＋税

多様な移動を快適化するMaaS。その成功には、都市空間のアップデート、交通手段の連携、ビッグデータの活用が欠かせない。パンデミック以降、感染を防ぐ移動サービスのデジタル化、人間中心の街路再編によるグリーン・リカバリーが加速。世界で躍動する移動×都市DXの最前線から、スマートシティの実装をデザインする。